세상에서 가장 재미있는 통계학

The Cartoon Guide to Statistics

THE CARTOON GUIDE TO STATISTICS

Copyright © 1993 Larry Gonick and Woollcott Smith
Published by arrangement with HarperCollins Publishers. All rights reserved.
Korean translation copyright © 2007 by Kungree Press
Korean translation rights arranged with HarperCollins Publishers,
through EYA(Eric Yang Agency).

이 책의 한국어판 저작권은 EYA를 통하여
HarperCollins Publishers사와 독점 계약한 '궁리출판'이 소유합니다.
저작권법에 의해 한국 내에서 보호를 받는 저작물이므로 무단 전재와 복제를 금합니다.

세상에서 가장 재미있는
통계학

The Cartoon Guide to Statistics

래리 고닉 그림 · 울코트 스미스 글 | 전영택 옮김

세상에서 가장 재미있는 통계학

1판 1쇄 펴냄 2007년 4월 30일
2판 1쇄 펴냄 2021년 1월 15일
2판 3쇄 펴냄 2023년 3월 10일

그림 래리 고닉
글 울코트 스미스
옮긴이 전영택

주간 김현숙 | **편집** 김주희, 이나연
디자인 이현정, 전미혜
영업·제작 백국현 | **관리** 오유나

펴낸곳 궁리출판 | **펴낸이** 이갑수

등록 1999년 3월 29일 제300-2004-162호
주소 10881 경기도 파주시 회동길 325-12
전화 031-955-9818 | **팩스** 031-955-9848
홈페이지 www.kungree.com | **전자우편** kungree@kungree.com
페이스북 /kungreepress | **트위터** @kungreepress
인스타그램 /kungree_press

ⓒ 궁리출판, 2007.

ISBN 978-89-5820-691-0   07310

책값은 뒤표지에 있습니다.
파본은 구입하신 서점에서 바꾸어 드립니다.

CONTENTS

감사의 글 7

1 | 통계학이란? 9
2 | 데이터의 기술 15
3 | 확률 35
4 | 확률변수 61
5 | 두 확률분포 이야기 81
6 | 표본추출 97
7 | 신뢰구간 119
8 | 가설검증 145
9 | 두 모집단의 비교 165
10 | 실험설계 189
11 | 회귀분석 195
12 | 결론 219

더 읽어볼 만한 책 229
옮긴이의 말 232

감사의 글

이 프로젝트를 제안해준 하퍼콜린스 출판사의 캐럴 코헨 씨, 마감일 마지막 순간까지 참고 기다려준 에리카 스파버그 씨, 그리고 우리 두 필자가 공동저술을 하도록 도와준 비키 비주르 씨에게 감사드린다. 윌리엄 페어리와 레아 스미스의 조언은 초고를 보완하는 데 큰 도움이 되었다. 도나 오키노는 이 책을 구성하는 데 이루 말할 수 없는 조언과 도움을 주었다. 그녀는 이런 유의 만화 만드는 일은 마라톤보다도 더 어렵다고 말했다. 하지만 도나는 두 가지 다 해낼 수 있다는 걸 스스로 알고 있었고, 또 해냈다. 그리고 알트시스사(ALTSYS)가 개발한 멋진 소프트웨어 폰토그라퍼(FONTOGRAPHER) 덕분에 매킨토시에서 본문과 공식들을 마치 손으로 쓴 것처럼 만들 수 있었다.

또한 교육은 양방향으로 난 길과 같기에 오랫동안 고생한 템플대학의 스미스의 학생들과 특히 1992년 가을에 애드리아나 토레스가 구성한 스터디 그룹에도 감사의 말을 전한다. 미래는 이 학생들의 것이다.

1
통계학이란?

우리들은 불완전한 정보들을 가지고 여러 가지 결정을 해나간다.

대부분 사람들은 어느 정도 불확실성이 있어도 별 문제 없이 살아간다.

통계학은 불확실성을 계량적으로 측정해서 정확하게 만드는 특징이 있다.
통계학자들은 불확실성의 정도를 확신하고 범주형 진술을 할 수 있다.

비단 수프를 주문할 때 뿐만 아니라 통계학은 삶과 죽음의 문제에도 적용된다.

예를 들면, 1986년에 우주왕복선 챌린저호가 폭발해 7명의 우주비행사가 사망한 사건이 있었다. 그날은 영하 1.7도였는데, 그렇게 낮은 온도에서 발사해도 문제가 없는지 분석도 하지 않고 발사 결정을 내렸던 것이다.

조너스 소크가 개발한 소아마비 백신은 1954년 엄격한 통제하에 약 40만 명의 어린이를 대상으로 임상실험을 시행한 것이다. 그 결과에 대한 통계 분석은 백신의 효능을 확실하게 입증했으며, 그 덕분에 오늘날 소아마비는 거의 자취를 감추었다.

통계라는 수학적 마술 효과를 발휘하기 위해
통계학자들은 다음 세 가지를 근거로 삼는다.

데이터 분석
데이터의 수집, 전시 그리고 요약

확률
카지노에서 비롯된 승산의 법칙

통계적 추론
확률 지식을 이용해 특정 데이터에서
통계적 결론을 이끌어내는 과학

이 책에서는 이 세 가지 요소가 현대 사회에서 결정적 역할을 하는 통계에
어떻게 적용되는지 그 사례들을 살펴보고자 한다.

2장에서는 대학생들의 몸무게와 같은 간단한 데이터 집합을 살펴보고,

3장에서는 확률의 법칙을 그 발상지인 도박장에서 공부할 것이다.

4, 5장에서는 확률변수의 개념을 이용해 확률모델로 현상을 기술하는 방법을 보여줄 것이고,

6장에서는 큰 모집단에서 표본을 추출하는 통계학의 핵심과정을 소개한다.

7장에서는 실생활 무대에서 통계적 추론을 하는 방법을 설명한다. 말하자면 투표, 공장의 품질관리, 임상실험, 환경 감시, 인종 편견, 법률 같은 것들이다.

마지막으로, 통계를 이야기할 때 빠지지 않는 것이 통계에 대한 불신이다. 실생활에서 아주 정확한 통계적 분석을 찾기는 어렵다. 반면 '통계로 하는 거짓말'을 모르는 사람은 없다. 통계의 역할이 뭘까?

"의사 4명 중 3명이…"라고 시작되는 말은 믿지 말라고 충고했습니다.

하지만 어떤 문제를 조금이라도 더 아는 것이 나쁠 것은 없다고 생각한다.
바로 이것이 이 책을 쓰는 이유이기도 해!

다음 장부터 이야기할 통계학 요소들은 도식과 직관을 이용해 여러분의 이해를 도울 것이다.
이제 여러분은 약간의 참을성과 사고 그리고 수학을 참고 견디기만 하면 된다!

2
데이터의 기술

데이터는 통계학자들이
내용을 이해하는 데
사용하는 원자료로서
숫자로 되어 있다.
모든 통계 문제에는
데이터의 수집, 기술, 분석
또는 그에 대한 생각이 담겨 있다.

이 장의 핵심 주제는 데이터 기술이다. 어떻게 하면 데이터를 알기 쉽게 표현할 수 있을까?
숫자 더미 속에 숨어 있는 일정한 유형을 어떻게 찾을 수 있을까?
데이터의 본질적인 형태를 어떻게 요약할 수 있을까?

데이터를 설명하려면 실제 데이터가 필요하다. 자, 데이터를 모아보자!

다음은 펜실베이니아 주의 학생 92명의
몸무게를 데이터화한 것이다.

남학생 숫자

140 145 160 190 155 165 150 190 195 138 160 155 153 145 170 175 175 170 180 135
170 157 130 185 190 155 170 155 215 150 145 155 155 150 155 150 180 160 135 160
130 155 150 148 155 150 140 180 190 145 150 164 140 142 136 123 155

여학생 숫자

140 120 130 138 121 125 116 145 150 112 125 130 120 130 131 120 118 125 135 125
118 122 115 102 115 150 110 116 108 95 125 133 110 150 108

본론으로 들어가서 점도표를 그려보자. 각 학생의 몸무게를 1개의 점으로 나타낸다.

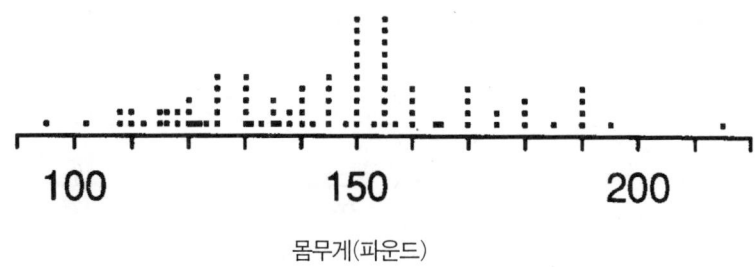

몸무게(파운드)

여러분은 여기서 150~155파운드
사이에 학생들이 밀집해 있는 것을
볼 수 있다. 학생들은 자기의
몸무게를 5파운드 단위로
말하는 경향을 보인다.
실제로는 그런 반올림이
데이터의 일반적인 유형을
불명료하게 할 수 있다.
하지만 지금은 이 데이터를
계속 이용해보자.

도수분포표로 이 데이터를 요약 정리할 수 있다. 수직선을 여러 개의 구간으로 나누고, 각 구간마다 그 구간에 해당하는 몸무게의 학생수를 센다. 이것이 그 구간의 도수이다. **상대도수**는 각 구간에 속하는 학생수의 비율로서, 도수를 전체 학생수로 나눈 것이다.

계급	계급값(중앙값)	도수	상대도수
87.5-102.4	95	2	.022
102.5-117.5	110	9	.098
117.5-132.4	125	19	.206
132.5-147.4	140	17	.185
147.5-162.4	155	27	.293
162.5-177.4	170	8	.087
177.5-192.4	185	8	.087
192.5-207.5	200	1	.011
207.5-222.4	215	1	.011
합계		92	1.000

주: 각 구간의 양 끝값은 5파운드의 배수가 되지 않도록 정하여 몸무게를 5파운드 단위로 말한 학생들의 편견을 없앴다.

계급을 정하는 기준

1 반올림된 숫자를 중앙값이 되도록 하고 같은 크기가 되도록 정하라.

2 데이터의 양이 적으면 계급의 개수도 적게 하라.

3 데이터의 양이 많으면 계급의 개수도 많게 하라.

도수분포표는 각 계급값 '주변'에 얼마나 많은 데이터 점들이 있는지를 보여준다.
이것은 그래프로도 그릴 수 있는데, 이를 **히스토그램**이라 한다. 각 계급마다 막대가 하나씩 그려져 있고, 막대의 높이는 그 계급 구간의 데이터 점의 개수를 나타낸다.

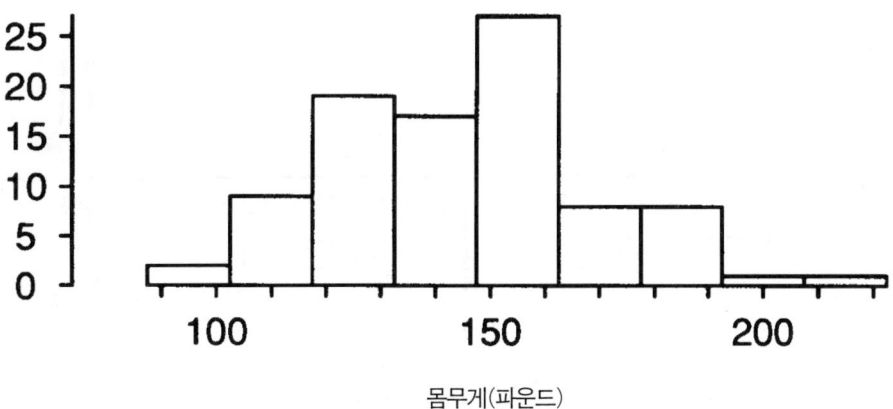

몸무게(파운드)

또한 각 몸무게에 상대도수를 대응시키는 **상대도수 히스토그램**도 그릴 수 있다. 이는 수직축 값의 크기만 다를 뿐 히스토그램과 꼭 같다.

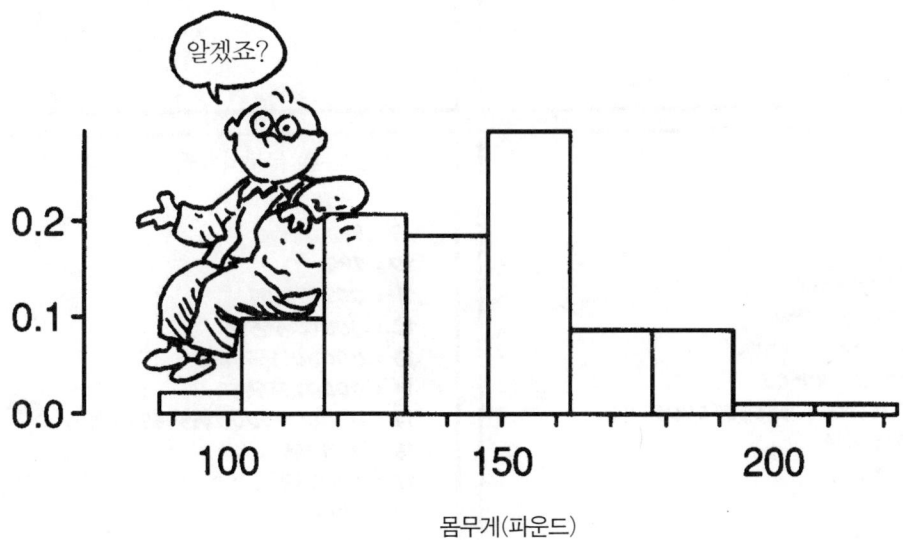

몸무게(파운드)

통계학자 존 터키는 각 데이터 점들을 그대로 유지하면서 요약하는 방법을 고안했는데, 이를 **줄기-잎 그림**이라고 한다.

예를 들어 몸무게 데이터에서, 줄기에는 몸무게 수치 중 십자리 이상의 숫자만 쓴다(즉, 일의 자리 숫자는 버린다).

9
10
11
12
13
14
15
16
17
18
19
20
21

말하자면 90파운드, 100파운드 등등이지.

그리고 마지막 일의 자리 숫자는 해당하는 줄에 추가로 쓴다.

9 :
10 :
11 : 628
12 : 0155005
13 : 080015
14 : 05
15 : 0
16 :
17 :
18 :
19 :
20 :
21 :

몸무게가 116, 112, 118, 120 등등이라는 뜻이지.

데이터를 다 채우면 다음 그림과 같다.

9 : 5
10 : 288
11 : 628855060
12 : 01553005525
13 : 8500850600153
14 : 05505580502
15 : 5053705505505050500500
16 : 050004
17 : 055000
18 : 0500
19 : 00500
20 :
21 : 5

마지막으로 '잎' 부분의 숫자를 순서대로 정리한다.

9 : 5
10 : 288
11 : 002556688
12 : 00012355555
13 : 0000013555688
14 : 00002555558
15 : 000000000355555555557
16 : 000045
17 : 000055
18 : 0005
19 : 00005
20 :
21 : 5

0과 5는 몸무게에 대한 학생들의 편견을 분명하게 보여준다.

데이터의 훌륭한 도식화는 예술이자 과학이다.

플로렌스 나이팅게일은 영국 군인병원들의 사망률 통계를 집계하여 옆 그림과 같은 놀라운 히스토그램을 만들었다. 반지름 방향의 축은 크림전쟁에서 병원과 전장에서 사망한 영국 군인의 숫자를 나타낸다.

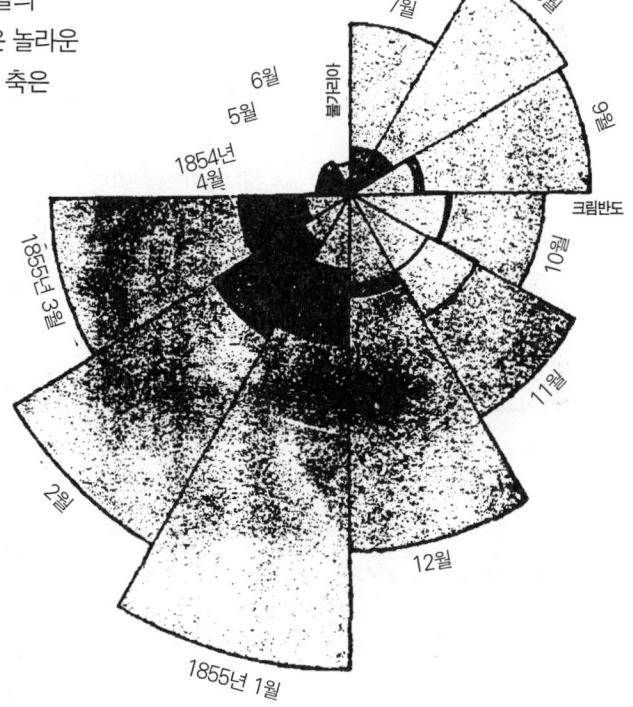

그녀의 통계 조사 덕분에 병원 환경이 개선되었고 사망률도 떨어졌다.

요약통계량

이제 그림에서 공식으로 옮겨가자. 우리의 목표는 어떤 데이터 집합의 일반적인 특성을 간단하게 나타내는 방법을 알아내는 데 있다.

어떤 측정값이든 두 가지의 중요한 특징인 중앙값 또는 대표값, 그리고 그 값을 중심으로 흩어져 있는 정도, 즉 산포도가 있다. 옆의 히스토그램에서 이것을 쉽게 알 수 있다.

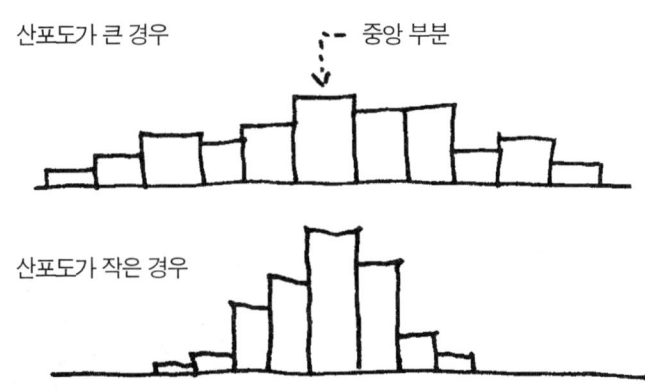

산포도가 큰 경우 — 중앙 부분

산포도가 작은 경우

약간의 기호표시법을 알면 도움이 된다.
우리가 연속적인 측정을 할 때, 그 중 n개의 측정값을 다음과 같이 쓴다.

$$x_1, x_2, x_3, \ldots x_n$$

n은 데이터의 전체 개수다.
말하자면 x_4는 네번째 데이터 점의 값이다.

배열은 다음과 같은 데이터 표를 말한다.

측정	1	2	3	4	……	n
데이터 값	x_1	x_2	x_3	x_4	……	x_n

X-원, X-투로 읽으세요.

$n = 5$인 작은 데이터 집합은 정리하기가 쉽다. 예를 들어 5명에게 일주일에 TV 보는 시간을 물었다고 하자. 그러면 다음과 같은 배열을 얻을 수 있다.

측정	1	2	3	4	5
데이터 값	5	7	3	38	7

그러면 $x_1 = 5$, $x_2 = 7$, $x_3 = 3$, $x_4 = 38$, 그리고 $x_5 = 7$

이 데이터의 '중앙'은 무엇일까? 이것을 측정하는 방법에는 여러 가지가 있다. 그 중 두 가지만 살펴보도록 하자.

평균값

평균값은 $\bar{x}$로 표시한다. 평균값은 모든 데이터의 값을 더한 다음 데이터의 개수로 나누어서 구한다.

$$\bar{x} = \frac{\text{데이터의 합}}{n}$$

$$= \frac{x_1 + x_2 + \cdots + x_n}{n}$$

위에서 든 예의 경우,

$$\bar{x} = \frac{5 + 7 + 3 + 38 + 7}{5} = \frac{60}{5}$$

$$= 12 \text{ 시간}$$

$x_1+x_2+\cdots+x_n$ 합계는 그리스 문자 시그마를 사용해서 간단히 줄여 쓸 수 있다.

다음과 같이 쓴다.

그리고 이것을 "i가 1부터 n까지일 때 x_i의 합"이라고 읽는다.

자, 열 번 읽으세요. 절대 잊지 마세요.

좋았어! 이제 우리가 통계책처럼 보일 거야!

그래서 데이터 집합의 평균은

앞에서 예로 든 펜실베이니아 주 학생들의 경우, 평균 몸무게는

$$\sum_{i=1}^{92} \frac{x_i}{92} = \frac{13,354}{92} = 145.15 \text{ 파운드}$$

중앙값 (메디안)은 또 다른 대표값으로, 도로의 '중앙선' 처럼 데이터의 '중점'을 말한다.

중앙값을 찾으려면 데이터를 작은 것부터 순서대로 정리해야 한다. 중앙값은 그 중앙에 있는 데이터의 값이다.

$$3 \quad 5 \quad \underset{\uparrow}{7} \quad 7 \quad 38$$

중앙값

데이터의 개수가 짝수인 경우에는 중앙이 없기 때문에 중앙 부분에 있는 2개의 값을 평균한다. 데이터는 아래와 같다.

$$3 \quad \underset{\uparrow}{5} \quad 7 \quad 7 \qquad \text{5와 7을 평균해서} \qquad \frac{5+7}{2} = 6$$

중앙 공간

그래서 중앙값을 구하는 일반 법칙은 데이터를 작은 것부터 순서대로 정리하고,

데이터의 개수가 홀수이면, 중앙값은 중앙에 있는 데이터의 값이 된다.

데이터의 개수가 짝수이면, 중앙값은 중앙 부근에 있는 2개의 데이터의 평균값이다.

중앙선의 위치가 저긴데 선이 없네…

$n = 92$명의 학생들 몸무게의 경우,
순서대로 정리된 줄기-잎 그림에서
중앙값을 찾을 수 있다.
46번째의 중앙값을 찾으면

```
 9 : 5
10 : 288
11 : 002556688
12 : 00012355555
13 : 0000013555688
14 : 00002555558
15 : 000000000355555555557
16 : 000045
17 : 000055
18 : 0005
19 : 00005
20 :
21 : 5
```

$$\frac{x_{46} + x_{47}}{2} = \frac{145 + 145}{2}$$

$$= 145 \text{ 파운드}$$

대표값이 왜 하나가 아닐까? 각 대표값은 저마다 장점을 갖고 있다.
중앙값은 데이터들 중 다른 것과 차이가 큰 극단적인 값에 민감하지 않다. 앞에서 예로 든 TV 시청 시간의 경우, 한 사람이 매주 200시간을 본다고 할 때 데이터는 3, 5, 7, 7, 200이 된다. 이 경우 중앙값은 7이므로 변화가 없다. 하지만 평균값은 $\bar{x} = 45.8$시간이 되지!

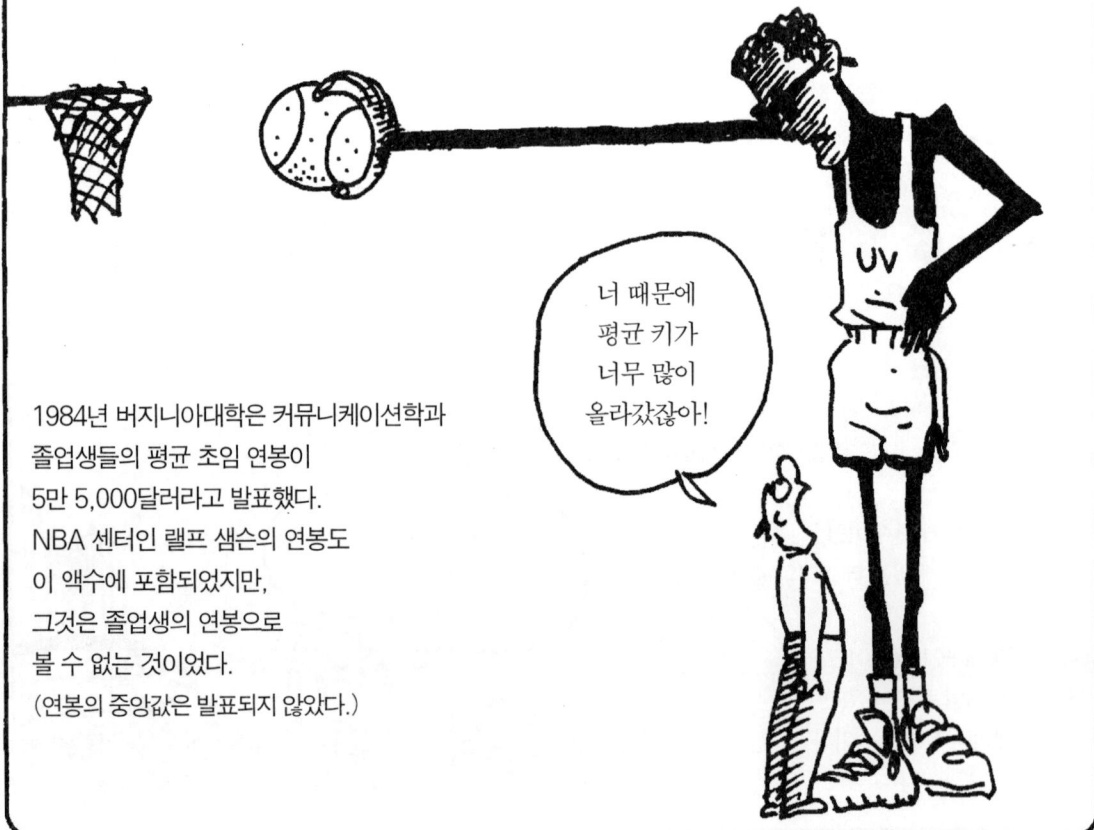

1984년 버지니아대학은 커뮤니케이션학과
졸업생들의 평균 초임 연봉이
5만 5,000달러라고 발표했다.
NBA 센터인 랠프 샘슨의 연봉도
이 액수에 포함되었지만,
그것은 졸업생의 연봉으로
볼 수 없는 것이었다.
(연봉의 중앙값은 발표되지 않았다.)

너 때문에 평균 키가 너무 많이 올라갔잖아!

산포도의 측정

대표값을 알았으니
이제 산포도에 대해 알아보자.
이는 데이터가 대표값에서
얼마나 멀리 떨어져 있는지를 나타낸다.
예를 들어 학생들의 몸무게가
모두 정확하게 145파운드라면
산포도는 전혀 없다.
산술적으로는 산포도가
0이고 히스토그램은
날씬한 모양이 된다.

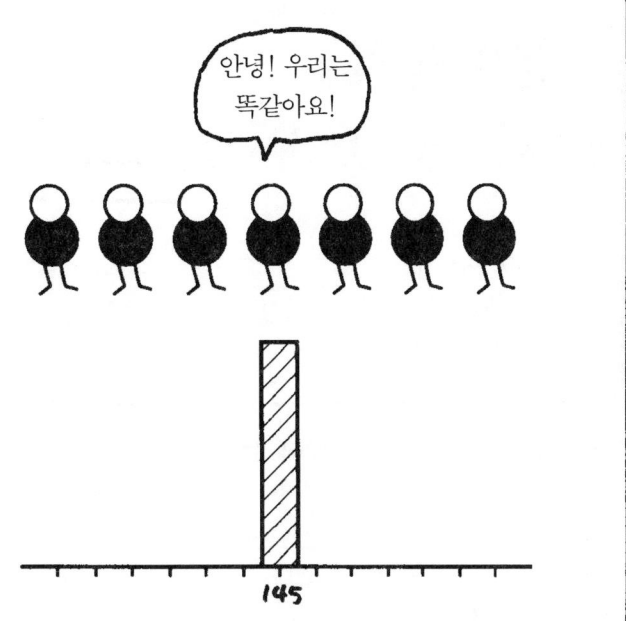

하지만 몸무게가 작거나 큰 학생들이 많다면 어떤 형태를 갖춘 분산된 분포를 볼 수 있다.
말하자면 어느 미식축구 팀이 아래 그림과 같이 구성되어 있다면

히스토그램은 아래와 같은 형태일 것이다.

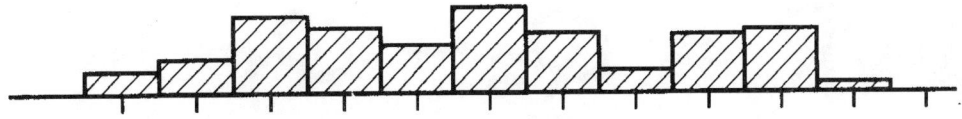

산포도를 측정하는 방법은 여러 가지가 있다. 그 중 하나가

사분위 범위 이다.

이 개념은 데이터를 4개의 동일한 그룹으로 나눈 다음 양끝의 그룹이 얼마나 많이 떨어져 있는지를 알아보는 것이다.

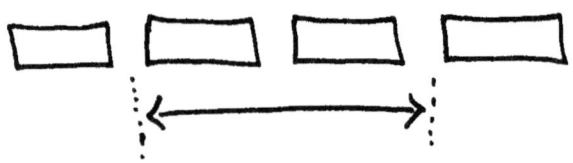

사분위 범위를 찾는 방법은 아래와 같다.

1 데이터를 숫자순으로 정리한다.

2 데이터를 숫자가 낮은 2개 그룹과 숫자가 높은 2개 그룹으로 나눈다(중앙값이 데이터 점이면, 그것을 양쪽 그룹에 다 포함시킨다).

3 숫자가 낮은 그룹의 중앙값을 찾는다. 이것을 첫번째 사분위, 즉 Q_1이라 한다.

4 숫자가 높은 그룹의 중앙값은 세번째 사분위, 즉 Q_3이다.

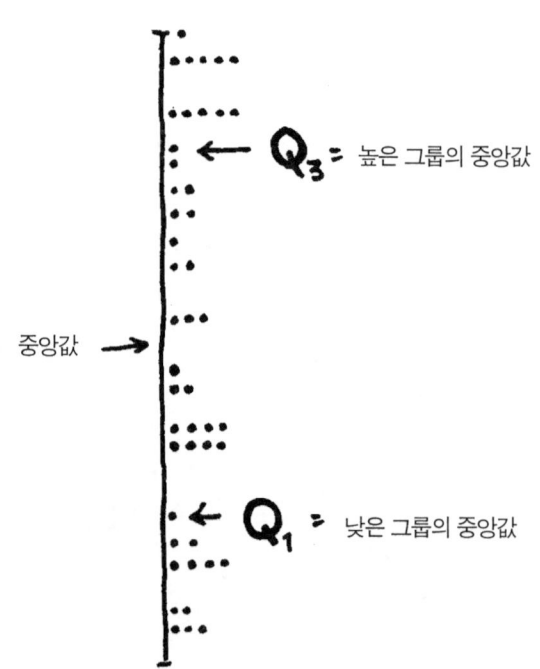

사분위 범위(IQR)는 이들 사이의 거리(또는 차이)이다.

$$IQR = Q_3 - Q_1$$

아래의 몸무게 데이터에서 화살표는 낮은 그룹과 높은 그룹의 중앙값이다.

```
 9 : 5
10 : 288
11 : 002556688  ↙
12 : 00012355555
13 : 0000013555688
14 : 00002555558
15 : 000000000355555555557
16 : 000045            ↑
17 : 000055
18 : 0005
19 : 00005
20 :
21 : 5
```

그래서 사분위 범위는

$$IQR = 156 - 125 = 31 \text{ 파운드}$$

다시 말하면, 이것은 몸무게가 작은 학생들과 큰 학생들의 중앙값의 차이다.

존 터키는 IQR을 찾는 또 다른 그림, 즉 상자수염 그림을 고안했다. 상자의 양끝은 사분위인 Q_1과 Q_3이고 중앙값은 상자 안에 그린다.

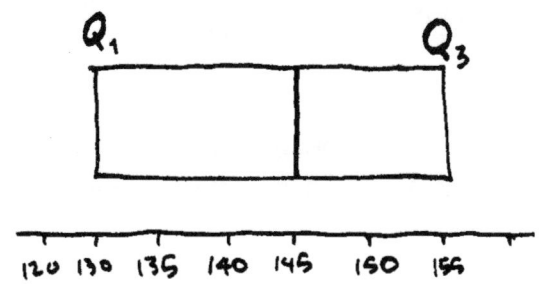

상자의 끝에서 1.5 IQR 이상 떨어져 있는 점은 이상값이다. 이러한 이상값들은 따로 하나하나 그린다.

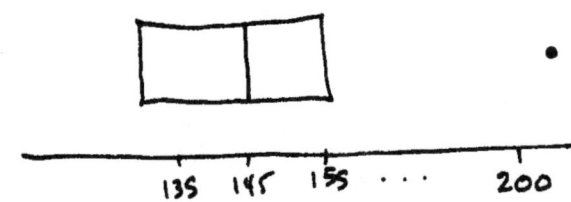

마지막으로 이상값이 아닌 가장 먼 점(즉 1.5 IQR 이내에 있는 가장 먼 점)까지 '수염'을 그린다.

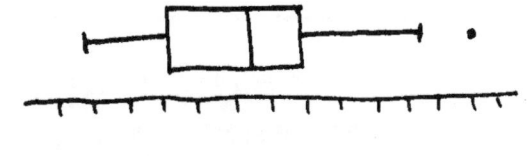

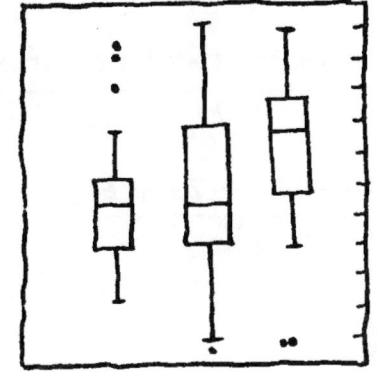

상자수염 그림은 그룹들 간의 차이를 보여줄 때 아주 유리하다.

표준편차

산포도를 측정하는 표준 방법으로 중앙값을 근거로 한 IQR과는 달리, 표준편차는 평균으로부터 산포도를 측정한다.
다시 말해 표준편차는 데이터가 평균 $\bar{x}$에서 떨어져 있는 평균 거리라고 할 수 있다.

여기서 우리는 거리의 **제곱**을 사용한다.
즉, 점 x_i에서 $\bar{x}$까지의 거리의 제곱을 $(x_i - \bar{x})^2$라 하면

$$\text{평균제곱거리} = \frac{1}{n} \sum_{i=1}^{n} (x_i - \bar{x})^2$$

기술적인 이유 때문에 분모에 n 대신에 $n-1$을 써서 **표본분산** S^2을 아래와 같이 정의한다.

$$S^2 = \frac{1}{n-1} \sum_{i=1}^{n} (x_i - \bar{x})^2$$

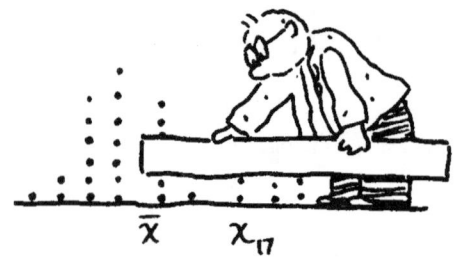

데이터 집합 {3, 5, 7, 7, 38}의 경우 $\bar{x} = 12$, $n = 5$이므로, 분산을 계산하면 아래와 같다.

$$S^2 = \frac{(3-12)^2 + (5-12)^2 + (7-12)^2 + (7-12)^2 + (38-12)^2}{(5-1)}$$

$$= \frac{81 + 49 + 25 + 25 + 676}{4}$$

$$= 214$$

이처럼 분산이 큰 것은 데이터가 넓게 흩어져 있다는 뜻이지.

그런데 산포도의 측정은 데이터와 같은 단위를 사용해야 한다. 몸무게에서처럼 분산 S^2은 제곱 파운드로 측정된다. 우와!

이제 남은 일은 제곱근을 이용해서 표준편차를 정의하는 것이다.

표준편차 $S = \sqrt{S^2} = \sqrt{\dfrac{1}{n-1} \sum_{i=1}^{n} (x_i - \bar{x})^2}$

앞에서 든 예의 경우

$S = \sqrt{214} = 14.63$

적은 양의 데이터 집합에서도 산술적인 계산은 지루하다! 그래서 요즘은 휴대용 계산기의 S 버튼을 누르거나 컴퓨터의 계산결과를 수록한 자료집을 참고한다.

X̄와 S의 특성

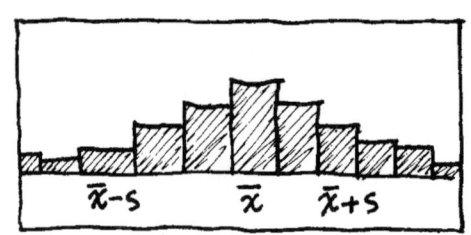

평균과 표준편차는 이상값이 없는
대칭적인 히스토그램, 즉
흙더미 모양의 히스토그램의
성질을 나타내는 데 안성맞춤이다.

데이터가 $\bar{x}$에서 표준편차로부터 몇 배나 떨어져 있는지 알면 유용할 때가 많다.
그래서 Z-점수, 즉 표준점수를 평균 $\bar{x}$로부터의 표준편차 거리로 정의한다.

$$z_i = \frac{x_i - \bar{x}}{s}$$ (각각의 i에 대하여)

Z-점수 +2는 측정값이 평균보다 표준편차의 두 배만큼 크다는 의미다.
몸무게 데이터의 경우($\bar{x}=145.2$, $S=23.7$), 아래와 같이 데이터의 선그림과
Z-점수를 동시에 나타낼 수 있다.

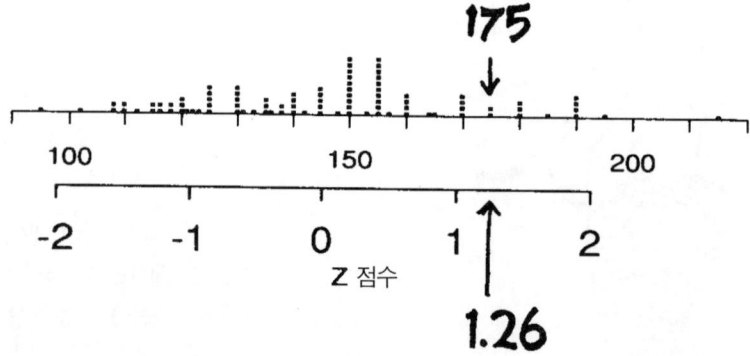

몸무게가 175파운드인 학생의 Z-점수는 $\frac{175-145.2}{23.7} = 1.26$ 이다.

경험법칙

대칭적인 흙더미 모양에 가까운 데이터 집합의 경우, 평균에서 표준편차의 한 배 이내에 약 68%의 데이터가 들어 있고, 표준편차의 두 배 이내에는 95%의 데이터가 들어 있다.

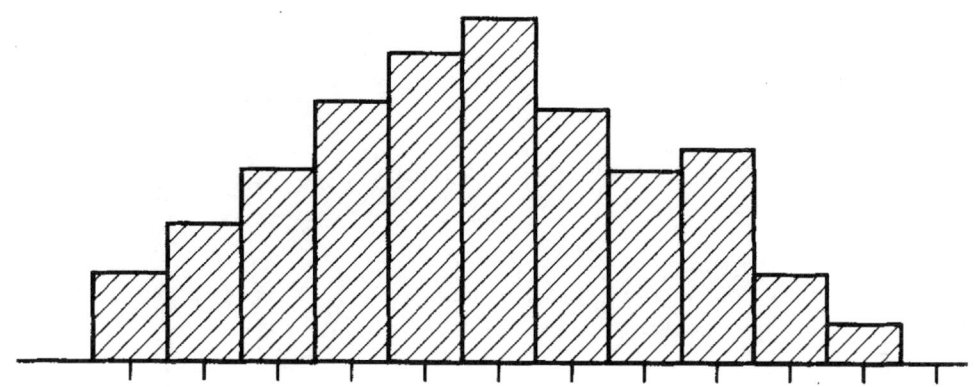

앞에서 본 몸무게 데이터는 이 경험법칙이 꽤 잘 맞는다.
몸무게 데이터의 64%(=59/92)가 평균에서 표준편차의 한 배 이내에 있고,
97%(=89/92)가 표준편차의 두 배 이내에 있다.

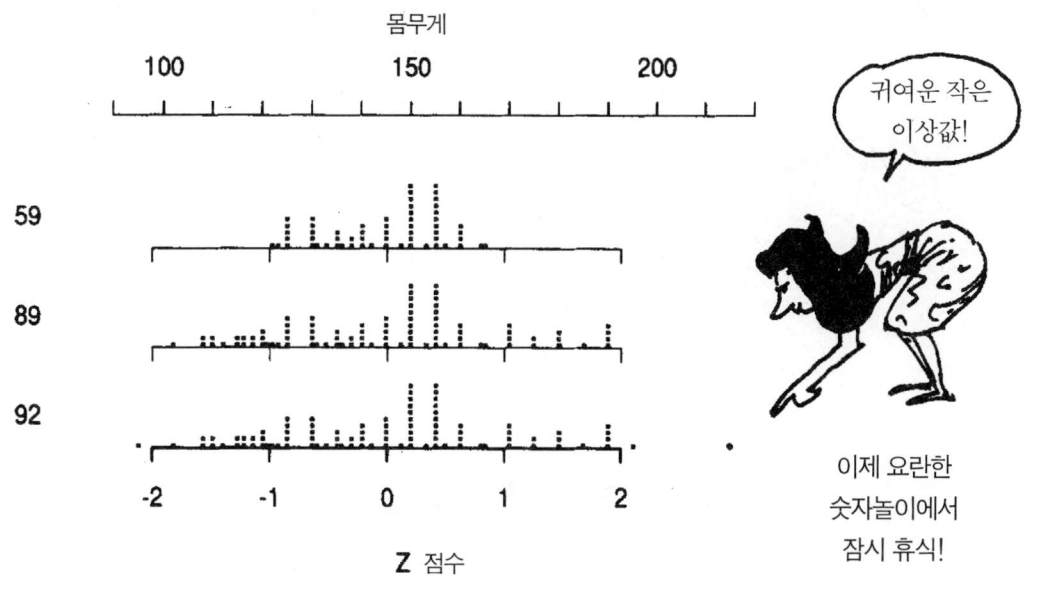

우리는 정리되지 않은 숫자들의 더미에서 출발해서 아주 먼 길을 달려왔다!

1. 데이터를 그림으로 나타내는 여러 가지 방법을 찾았고

2. 데이터의 대표값에 대한 두 가지 개념, 즉 중앙값과 평균에 대해 알아보았고

3. 서로 다른 두 가지 방법으로 산포도를 측정하였으며

4. 흙더미 모양의 히스토그램과 평균에서 표준편차가 얼마나 떨어져 있는지를 나타내는 Z-점수를 알게 되었다.

이제, 데이터의 성질을 더 깊이 탐구하기 위해 잠시 무질서의 세계로 눈을 돌리자.
여기서는 모든 일이 장기적인 관점에서 이루어지며 법칙이 있다면 오직 도박장의 법칙뿐이다.

3
확률

인생에서 확실한 것은 하나도 없다. 사업에서 의학, 날씨 예측에 이르기까지 우리가 하는 모든 일에 우리는 성공의 가능성을 가늠한다. 하지만 가능성의 법칙인 확률은 인류역사상 오랜 기간 오로지 한 부문, 도박에만 이용되어 왔다.

도박이 언제부터 시작되었는지 알려져 있지는 않지만, 적어도 고대 이집트까지는 거슬러 올라간다. 당시 내기광들은 동물의 뒤꿈치뼈로 만든 네 면의 '복사뼈'를 사용했다.

"복사뼈를 함께 묻어줘. 죽었다고 생각할 거야!"

로마황제 클라우디우스(BC10~AD54)는 최초의 도박책을 쓴 것으로 알려져 있다. 『주사위 놀이에서 이기는 법』이라는 이 책은 불행히도 전하지 않는다.

"규칙 I: 황제가 다섯 번 중 네 번을 이기게 하라!"

현재의 주사위는 르네상스 시기의 도박사 드 메레가 어려운 수학문제를 제기하면서 일반화되었다.

"1개의 주사위를 네 번 굴려서 6이 한 번 나오는 경우와 2개의 주사위를 24번 굴려서 동시에 6이 한 번 나오는 경우 중 어느 쪽이 확률이 더 높을까?"

도박사는 두 경우의 확률이
서로 같다고 추론했다.

6이 나올 확률 $= \frac{1}{6}$

네 번 굴릴 때
6이 나올 평균 횟수 $4 \cdot (\frac{1}{6}) = \frac{2}{3}$

2개 모두 6이 나올 확률 $= \frac{1}{36}$

24번 굴릴 때 2개 모두
6이 나오는 평균 횟수 $= 24 \cdot (\frac{1}{36}) = \frac{2}{3}$

그런데 그가 두번째 도박에서 잃는 경우가
더 많았던 이유는 무엇일까?

드 메레는 친구인 천재 수학자 파스칼(1623~1662)에게 질문을 했다.

파스칼은 이미 수학에서 손을뗐지만,
드 메레의 문제를 풀어보기로 했다.

파스칼은 그의 친구
피에르 드 페르마에게 편지를 썼고,
몇 번 편지를 주고받으며
두 사람은 현재 사용되는
확률이론을 만들어냈다.
물론 만화는 빼고.

기본 정의

도박사가 도박게임을 할 때 우리는 그 결과를 관찰하며 과학자 노릇을 해 보기로 하자.

확률실험(시행)

우연이 지배하는 사건의 결과를 관찰하는 과정을 말한다.

근원사건

어떤 시행에서 일어날 수 있는 모든 결과를 말한다.

표본공간

모든 근원사건의 집합을 말한다.

예를 들어 동전 던지기의 시행은 그 결과를 기록하는 것이다.

근원사건은 동전의 앞면과 뒷면이고

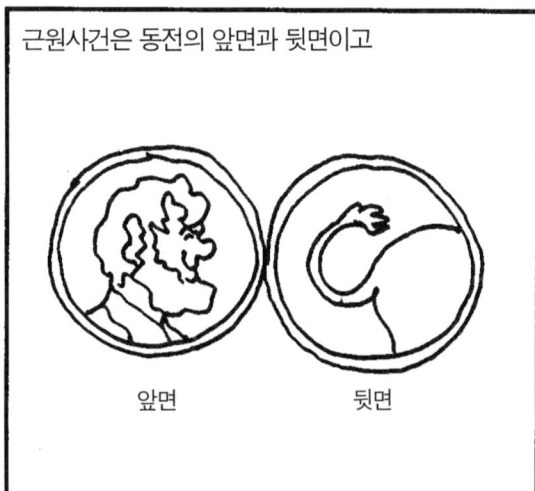

앞면   뒷면

표본공간은 아래의 집합과 같다.

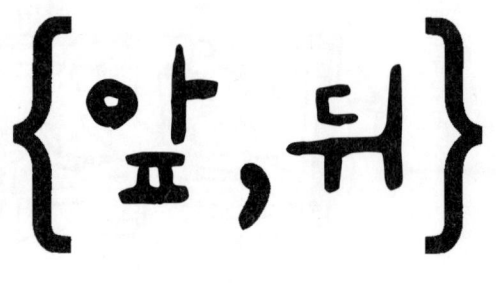

1개의 주사위를 굴리는 경우, 표본공간은 약간 더 크다.

 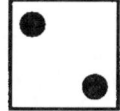 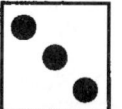 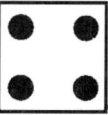  

2개의 주사위를 굴리는 경우, 표본공간은 아래와 같다(2개의 주사위를 각각 흰색과 검은색으로 구분했다).

이 표본공간은 36(6×6)개의 근원사건으로 이루어져 있다. 주사위가 3개인 경우, 표본공간은 216(6×6×6)개의 원소를 갖는다. 주사위가 4개인 경우는?

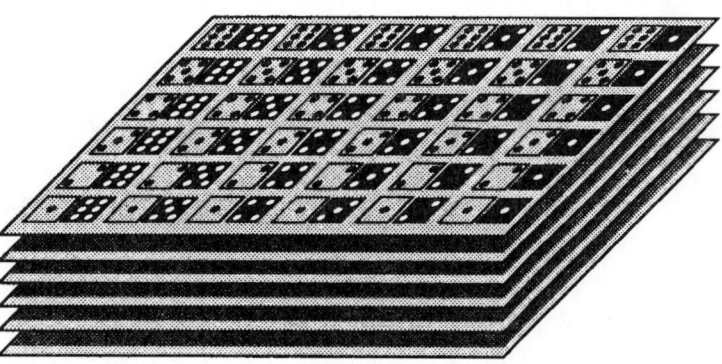

어떤 순간에는 듣기를 멈추고 생각을 시작해야 한다.

이제 $O_1, O_2, \cdots O_n$의 n개의 결과를 갖는 확률실험을 생각해보자. 우리는 각 결과마다 그것이 일어날 가능성을 측정하는 수적 가중치, 즉 확률을 부여하면 된다. O_i의 확률을 $P(O_i)$로 쓰자.

예를 들어 2개의 동전 던지기에서 앞면과 뒷면이 나올 가능성은 같으므로 각각 0.5의 확률을 부여한다.

$$P(앞) = P(뒤) = .5$$

각 결과는 던진 횟수의 절반씩 나온다. 아무 미식축구 선수나 잡고 물어봐!

2개의 주사위를 굴리는 경우, 36개의 근원사건이 있고 모두 그 가능성이 같으므로 각각의 확률은 1/36이다.

예를 들면

$$P(검은색\ 주사위\ 5,\ 흰색\ 주사위\ 2) = \frac{1}{36}$$

이는 주사위를 아주 많이 굴리면, 결국 위의 결과가 굴린 횟수의 1/36만큼 나타난다는 뜻이다.

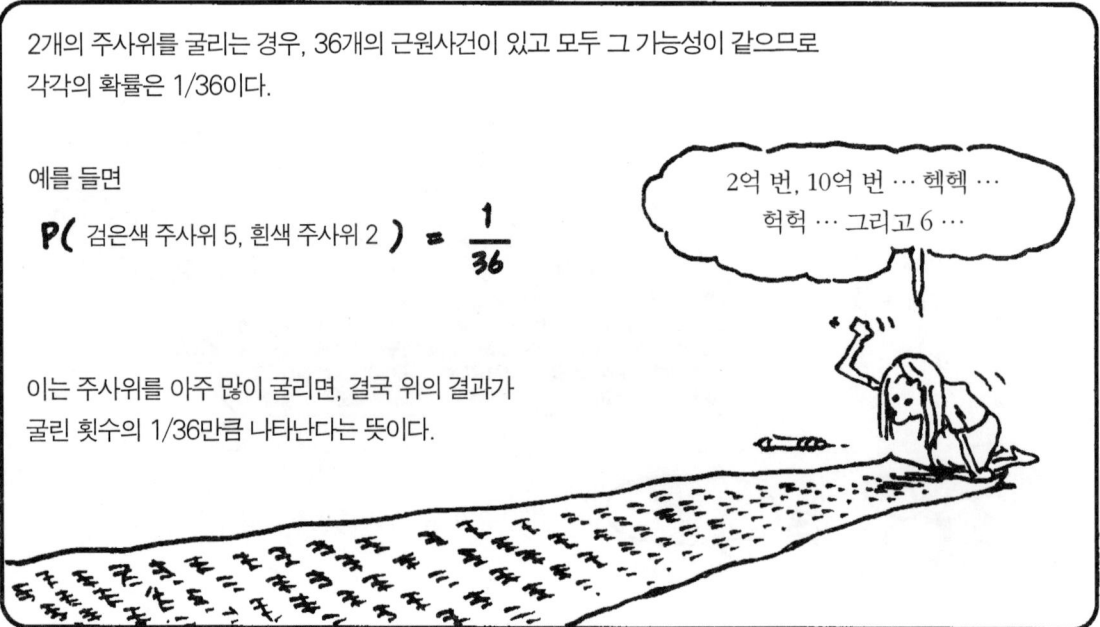

도박꾼이 특정 숫자가 잘 나오도록 납을 박은 주사위를 굴리면 어떻게 될까?
예를 들어 숫자 1은 굴린 횟수의 25%가 나온다고 하자.

표본공간은 1개의 주사위를 굴리는 경우와 똑같다.

$$\{1, 2, 3, 4, 5, 6\}$$

.25 .15 .15 .15 .15 .15

그러나 확률은 다르다.
이제 $P(1) = .25$ 이고 나머지는 도합 .75가 된다.
2, 3, 4, 5, 6이 각각 나올 가능성이 모두 같다면, 각각 $.15 = \frac{1}{5}(.75)$의 확률을 갖는다.

저 정도라면 할 만하겠어!

일반적으로 근원사건 모두가 같은 확률을 가질 필요는 없다.

비가 올 확률은 20%…

산책할 가능성은 5%…

자, 이제 확률 $P(O_i)$에 대해
뭘 말할 수 있을까? 먼저,

$$P(O_i) \geq 0$$

확률은 절대 음수가 될 수 없다.
확률 0은 어떤 사건이 일어날 수 없음을
의미한다. 음수는 의미가 없다.

둘째, 확실히 일어나는 사건은 확률이 1이다.(확률은 장기적 관점에서 그 사건이 일어나는 횟수의 비율이다!)
표본공간의 확률 합계도 1이다. 그 중에서 사건은 반드시 일어나기 때문이다.

이 두 가지를 합치면 바로 확률의 특성이 된다.

$$P(O_i) \geq 0$$
$$P(O_1) + P(O_2) + \ldots + P(O_n) = 1$$

확률은 음수가 아니다.

모든 근원사건의 확률의 합은 1이다.

노련한 정치가처럼 우리는 지금까지 다음과 같은 불편한 질문을 피해왔다.
1) 확률의 의미는 무엇인가?
2) 어떤 사건의 확률을 어떻게 정하는가?

알려져 있는 몇 가지 접근방법들을 제시하면 다음과 같다.

고전적 확률

도박에 바탕을 둔 개념으로, 게임은 공정하고 모든 근원사건은 동일한 확률을 가진다고 가정한다.

통계적 확률

반복 가능한 시행에서, 한 사건이 일어날 확률은 오랫동안 관찰할 때 그 사건이 일어날 횟수의 비율이다.

개인적(주관적) 확률

대부분 사건은 일상생활에서 반복될 수 없다. 개인적 확률은 어떤 사건이 일어날 가능성을 개인이 평가한 것이다.
도박사가 어떤 경주마의 승산이 50% 이상이라고 믿으면, 그는 그 말에 걸 것이다.

객관주의자들은 고전적 확률이나 통계적 확률의 개념을 사용한다. 주관주의자나 베이즈 같은 사람들은 개인적 확률을 승산의 법칙으로 적용한다.

기본 연산

지금까지 우리는 근원사건들의 확률만 다뤘다.
이론적으로는 그것만으로도 어떤 시행을 설명하는 데
충분한 것 같지만 실제로는 그렇지 않다.
예를 들면, 주사위를 굴려서
7을 만드는 것은 근원사건이 아니다.
그래서 새로운 개념을 소개한다.

사건은 근원사건의 집합이다. 사건의 확률은 그 집합에 속하는 근원사건들의 확률의 합이다.
2개의 주사위를 굴릴 때의 몇가지 사건을 예로 들어보자.

사건	사건에 속하는 근원사건	확률
A: 나온 숫자의 합이 3	$\{(1,2), (2,1)\}$	$P(A) = \frac{2}{36}$
B: 나온 숫자의 합이 6	$\{(1,5), (2,4), (3,3), (4,2), (5,1)\}$	$P(B) = \frac{5}{36}$
C: 흰 주사위의 숫자가 1	$\{(1,1), (1,2), (1,3), (1,4), (1,5), (1,6)\}$	$P(C) = \frac{6}{36}$
D: 검은 주사위의 숫자가 1	$\{(1,1), (2,1), (3,1), (4,1), (5,1), (6,1)\}$	$P(D) = \frac{6}{36}$

내 돈 돌리도!

근원사건 대신 사건을 사용하면,
논리적 연산을
사건들과 결합하여
다른 사건을 만들 수 있는
이점이 있다.
이때 사용되는 단어는
AND, OR, NOT이다.

즉, 주어진 사건 E와 F에 대해 아래와 같이 새로운 사건을 만들 수 있다.

E and F : 사건 E와 F 둘 다 일어난다.

E or F : 사건 E 또는 F가 일어난다(또는 둘 다 일어난다).

not E : 사건 E는 일어나지 않는다.

확률의 정의와 위의 논리적 연산을 결합하면 아주 유용한 공식을 얻을 수 있다.

주사위 던지기로 돌아가보자. C는 흰색 주사위가 1이 나오는 사건이고
D는 검은색 주사위가 1이 나오는 사건이라면

C OR D는 음영 처리한 부분이다(두 주사위 중 하나는 1이 나오는 경우).

C AND D는 음영이 겹치는 부분이다(두 주사위 모두 1이 나오는 경우).

이것이 바로 덧셈정리의 예이다. 덧셈정리는 어떤 사건 E, F에 대해

$$P(E \text{ OR } F) = P(E) + P(F) - P(E \text{ AND } F)$$

덧셈 $P(E) + P(F)$는 E와 F에 공통적으로 들어 있는 근원사건을 중복으로 더하기 때문에 초과된 부분, 즉 $P(E \text{ AND } F)$를 빼야 한다.

위의 예에서는

$$P(C \text{ OR } D) = \frac{11}{36}$$

이것은 근원사건을 세어 보면 금방 알 수 있다. 마찬가지로,

$$P(C \text{ AND } D) = \frac{1}{36}$$

덧셈정리를 확인해보면 다음과 같다.

$$P(C) + P(D) - P(C \text{ AND } D)$$
$$= \frac{6}{36} + \frac{6}{36} - \frac{1}{36} = \frac{11}{36}$$
$$= P(C \text{ OR } D)$$

이제 희미하나마 희망이 보이네!

때로는 E와 F 두 사건이 공통으로 가지는 근원사건이 하나도 없을 수도 있다. 이 경우 사건 E와 F는 서로 배반이라고 하며, P(E AND F) = 0이 된다. 예를 들면, 두 주사위의 나온 수를 합하여 3이 되는 사건 A와 6이 되는 사건 B는 아래에서 보듯이 배반사건이다.

배반사건의 경우 덧셈정리는 아래와 같다.

P(E OR F) = P(E) + P(F)

이것을 확인해보면 다음과 같다. $P(A \text{ OR } B) = \frac{7}{36} = \frac{2}{36} + \frac{5}{36} = P(A) + P(B)$

마지막으로 뺄셈정리를 살펴보면, 어떤 사건 E에 대해

P(E) = 1 - P(NOT E)

이것은 P(E)보다 P(NOT E)의 계산이 쉬울 때 유용하다.
E를 두 주사위 모두 1이 나오는 경우 이외의 사건이라 하자.
그러면 여사건 NOT E는 두 주사위 모두 1이 나오는 사건이며,
확률 P(NOT E) = 1/36이다.

따라서

$P(E) = 1 - P(\text{NOT } E)$
$= 1 - \frac{1}{36}$
$= \frac{35}{36}$

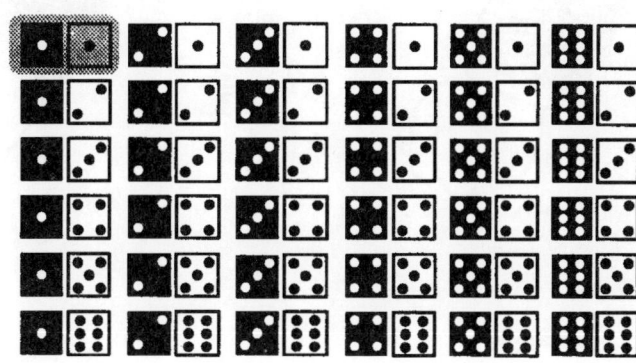

우리가 방금 유도한 공식은 드 메레의 질문에 답을 찾을 때 적용할 수는 있다.
하지만 쉽지는 않다는 사실!
(1개의 주사위를 두 번 굴릴 때 적어도 6이 한 번 이상 나올 확률은? 답은 좀더 단순한 질문에 적용해보는 게 좋을 듯…)
장비가 더 필요하다!

그래서 통계학의 핵심 개념을 소개한다.

조건부 확률

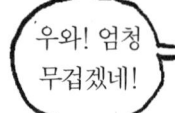

주사위 시행을 조금 바꿔서 흰색 주사위를 던진 다음 검은색 주사위를 던진다고 하자.
두 주사위의 나온 수를 합해서 3이 될 확률은 얼마일까?

두 주사위를 던지기 전의 확률

$$P(A) = \frac{2}{36}$$

이제 흰색 주사위가 1이 나왔다고 하자(사건 C).
사건 A의 확률은?

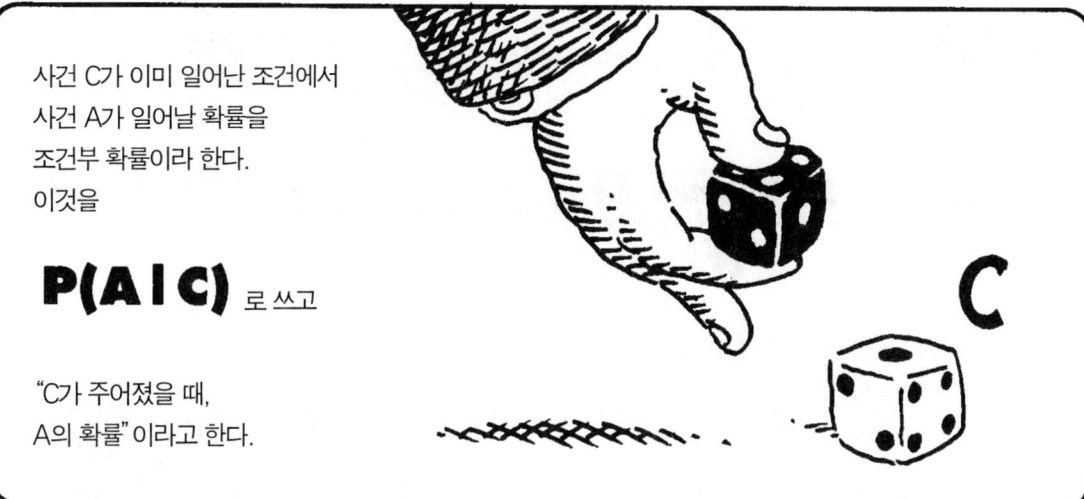

사건 C가 이미 일어난 조건에서 사건 A가 일어날 확률을 조건부 확률이라 한다. 이것을

P(A|C) 로 쓰고

"C가 주어졌을 때, A의 확률"이라고 한다.

주사위를 던지기 전에는 표본공간이 36개의 근원사건들을 갖고 있었지만, 사건 C가 일어났기 때문에 근원사건은 축소표본공간 C에 속해야만 한다.

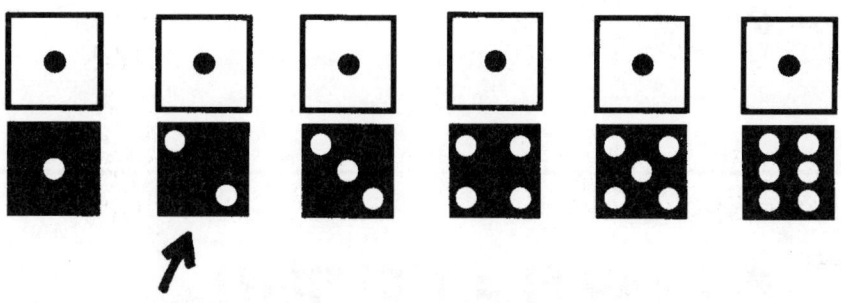

축소표본공간에는 6개의 근원사건이 있고 그 중 (1,2)만 합이 3이 된다. 따라서 조건부 확률은 1/6이다.

세상이 발전하면서 확률이 어떻게 바뀌는지 알겠어요?

내 돈부터 돌려줘.

일반적으로 조건부 확률 P(E | F)를 구하기 위해서는 사건 E, F를 축소표본공간 F의 일부분으로 본다.

 이것을 공식적인 정의로 바꿔보자.
F가 주어졌을 때, E의 조건부 확률은

$$P(E|F) = \frac{P(E \text{ and } F)}{P(F)}$$

이 정의에서 우리가 직관적으로 알고 있는
사실을 확인해볼 수 있다.

$P(E|E) = 1$ (일단 E가 일어나면, 그것은 확실하다.)

E와 F가 배반사건이면,

$P(E|F) = 0$ (일단 F가 일어나면 E는 일어날 수 없다.)

주사위의 경우

$$\frac{P(A \text{ AND } C)}{P(C)} = \frac{\frac{1}{36}}{\frac{1}{6}} = \frac{1}{6}$$

위의 정의를 다시 정리하면 곱셈정리가 된다.

$$P(E \text{ AND } F) = P(E|F)P(F)$$

우리는 $P(E|F) = P(E)$인 조건에서 곱셈정리를 '특별' 곱셈정리로 단순화할 수 있다.
얼마나 멋진 일인가!

다음 페이지로 넘어가기 전에,
E와 F를 바꾸면 다음과 같다는 것을
알고 가세요.

$$P(F)P(E|F) = P(E)P(F|E)$$

독립사건과 특별 곱셈정리

두 사건 E, F가 한 사건이 일어나든 일어나지 않든 다른 사건이 일어날 확률에 영향을 주지 않으면 E와 F는 서로 독립이다. 예를 들어 1개의 주사위를 굴리는 것은 다른 주사위를 굴리는 데 아무런 영향을 주지 않는다(아교, 자석 등으로 연결되지 않는 한!).

이것을 조건부 확률로 나타내면 $P(E) = P(E \mid F)$ 또는 $P(F) = P(F \mid E)$이다.
사건 E와 F가 독립이면 특별 곱셈정리가 된다.

$$P(E \text{ AND } F) = P(E)P(F)$$

이 공식을 써서 주사위 던지기의 독립성을 확인해보자.
C는 흰색 주사위가 1이 나오는 사건이고 D는 검은색 주사위가 1이 나오는 사건이라면,

$$P(C \mid D) = \frac{P(C \text{ AND } D)}{P(D)} = \frac{\frac{1}{36}}{\frac{1}{6}} = \frac{1}{6} = P(C)$$

흰색 주사위가 1이 나온 것은 두 주사위에서 나온 숫자의 합이 3이 될 확률에 분명히 영향을 준다!

$$P(A \mid C) = \frac{P(A \text{ AND } C)}{P(C)} = \frac{P(1,2)}{P(C)} = \frac{\frac{1}{36}}{\frac{1}{6}} = \frac{1}{6} \neq P(A) = \frac{1}{18}$$

그러므로 이 두 사건은 독립이 아니다.

지금까지 배운 공식들을 요약 정리해보자.

덧셈정리

P(E OR F) = P(E) + P(F) - P(E AND F)

특별 덧셈정리: E와 F가 배반일 때

P(E OR F) = P(E) + P(F)

뺄셈정리

P(E) = 1 - P(NOT E)

곱셈정리

P(E AND F) = P(E|F)P(F)

특별 곱셈정리: E와 F가 독립일 때

P(E AND F) = P(E)P(F)

공식 덕분에 골치 아픈 생각을 덜 수 있다니까!

이제 드 메레의 문제를 살펴보자.
주사위 1개를 네 번 던져서 적어도 6이 한 번 이상 나오는 사건을 E라 하자. P(E)는 얼마일까?
이것은 여사건을 계산하는 것이 훨씬 쉽다. NOT E는 네 번 던지는 동안 6이 한 번도 나오지 않는 경우이다.

마하트마 간디!

i번째 던질 때 6이 안 나올 사건을 A_i라 하면, $P(A_i) = 5/6$이다.
또한 주사위 던지기가 독립사건이므로

$P(NOT\ E) =$
$P(A_1\ AND\ A_2\ AND\ A_3\ AND\ A_4)$

곱셈정리 → $= \left(\dfrac{5}{6}\right)^4 = .482,$

$P(E) = 1 - P(NOT\ E) = .518$

그 다음 2개의 주사위를 24번 던져서 둘 다 6이 나오는 경우가 한 번 이상인 사건을 F라 하자.
이것 역시 여사건을 계산하는 것이 쉽다. 여사건은 둘 다 6이 나오는 경우가 하나도 없는 사건이다.

i번째 던질 때 둘 다 6이 안 나올 사건을 B_i라 한다면, NOT F = B_1 AND B_2 AND… B_{24}가 된다.
각 B의 확률은

$$P(B_i) = \frac{35}{36}$$

$$P(\text{NOT } F) = \left(\frac{35}{36}\right)^{24} = .509$$

(곱셈정리에 따라)
결론적으로

$$P(F) = 1 - P(\text{NOT } F) = 1 - .509 = .491$$

드 메레는 파스칼에게 사건 F가 사건 E보다 적게 일어나는 것을 실제로 보았지만 그 이유를 알 수 없다고 말했다. 짐작건대 드 메레가 도박을 얼마나 자주했는지, 또 그 결과를 얼마나 꼼꼼하게 기록했는지 알 수 있다!

이제 도박장을 벗어나서 일상으로 되돌아오자.

베이즈 정리와 잘못된 양성반응

좀더 진지한 문제인 삶과 죽음의 영역으로 들어가 조건부 확률을 적용해보자.

인구 1,000명당 한 명꼴로 걸리는 희귀병이 있다고 하자.

그리고 완전하지는 않지만 좋은 검사법이 있다고 하자. 병에 걸린 사람의 경우 이 검사는 99% 양성반응을 나타낸 반면, 잘못된 양성반응을 나타낼 때도 있다. 건강한 사람의 2% 정도가 양성반응을 보인다. 자, 여러분이 양성반응을 보였다면, 여러분이 병에 걸릴 확률은 얼마일까?

우리가 다뤄야 할 사건은 두 가지다.

A : 피검자가 병에 걸려 있다.
B : 피검자가 양성반응을 보인다.

검사의 효과에 대해서는 아래와 같이 정리할 수 있다.

$P(A) = .001$ (1,000명 중 한 사람은 병을 갖고 있다.)

$P(B|A) = .99$ (감염된 경우 양성반응이 나타날 확률은 0.99)

$P(B|NOT\ A) = .02$ (건강한 경우 양성반응이 잘못 나타날 확률은 0.02)

$P(A|B) = ?$ (양성반응이 나타난 경우 감염되었을 확률)

이 질병을 치료하는 데는 심각한 부작용이 나타날 수 있기 때문에 의사와 그녀의 변호사, 변호사의 변호사 세 사람은 확률 상담사인 조 베이즈를 방문했다. 조는 그의 선조인 토머스 베이즈(1744~1809)가 최초로 증명했던 정리를 유도해냈다.

조는 우선 2×2 표를 만들어서 표본공간을 4개의 배반사건으로 나눴다.
이는 질병 상태와 검사결과의 모든 조합을 보여준다.

	A	NOT A
B	A AND B	NOT A AND B
NOT B	A AND NOT B	NOT A AND NOT B

표에 있는 각 사건의 확률을 찾아보자.

	A	NOT A	합계
B	P(A AND B)	P(NOT A AND B)	P(B)
NOT B	P(A AND NOT B)	P(NOT A AND NOT B)	P(NOT B)
	P(A)	P(NOT A)	1

표의 가장자리에 있는 확률들은 해당 칸 또는 줄에 있는 확률의 합이다.

자, 이제 계산해보자.

정의에 따라서!

$P(A \text{ AND } B) = P(B|A)P(A) = (.99)(.001) = .00099$

$P(\text{NOT } A \text{ AND } B) = P(B|\text{NOT } A)P(\text{NOT } A) = (.02)(.999) = .01998$

계산결과를 표에 넣으면

	A	NOT A	합계
B	.00099	.01998	.02097
NOT B	P(A AND NOT B)	P(NOT A AND NOT B)	P(NOT B)
	.001	.999	1

남은 확률들은 해당 칸에서 뺄셈을 해서 구한다.

최종적인 표는 아래와 같다.

	A	NOT A		
B	.00099	.01998	.02097	P(B)
NOT B	.00001	.97902	.97903	P(NOT B)
	.001	.999	1	
	P(A)	P(NOT A)		

위 표를 이용해 바로 아래 확률을 계산할 수 있다.

$$P(A|B) = \frac{P(A \text{ AND } B)}{P(B)} = \frac{.00099}{.02097} = .0472$$

정확도가 높은 검사인데도 양성반응이 나온 사람들 중 5% 미만이 병에 걸려 있다!
이것을 잘못된 양성반응 패러독스라 한다.

"패러독스와 변호사 두 사람이라…"

옆 표는 1,000명을 검사했을 때의 결과다. 평균적으로 21명의 피검자만이 양성반응을 보이며 그 중 단 한 명만이 병을 갖고 있다! 20명의 잘못된 양성반응자들은 훨씬 더 건강한 사람들의 그룹에서 나왔다.

	감염자	비감염자	
양성반응	1	20	21
음성반응	0	979	979
	1	999	1000

의사는 어떻게 해야 할까? 조 베이즈는 그녀에게 이 검사결과만 믿고 치료를 시작하지는 말라고 충고했다. 하지만 이 검사는 의미 있는 정보를 제공한다. 양성반응이 나타난 피검자들의 경우,
병에 걸렸을 확률이 검사 전 1/1000에서 1/21로 증가한 것이다. 의사는 좀더 검사를 하기로 했다.

조 베이즈는 상담에서 자신이 했던 모든 과정을 하나의 공식으로 요약했는데 이를 베이즈 정리라고 한다.

$$P(A|B) = \frac{P(A)P(B|A)}{P(A)P(B|A) + P(NOT\ A)P(B|NOT\ A)}$$

이 정리를 이용해서 P(A)와 2개의 조건부 확률 P(B | A), P(B | NOT A)에서 P(A | B)를 계산한다. 베이즈 정리는 우변 분수를 아래와 같이 변형해서 유도할 수 있다.

$$\frac{P(A\ and\ B)}{P(A\ and\ B) + P(NOT\ A\ and\ B)} = \frac{P(A\ and\ B)}{P(B)} = P(A|B)$$

이 장에서는 확률의 정의, 표본공간과 근원사건, 조건부 확률과 확률을 계산하기 위한 기본 공식 등 확률의 기초를 살펴보았다. 이 개념들은 2개의 주사위 던지기로 설명했다.
확률은 현대의 도박사들에게 강력한 선택 수단이다.

마지막으로 질병검사를 통해, 정보가 불충분하고 위험한 상황에서 이러한 추상적인 개념들이 의사결정에 얼마나 큰 도움이 되는지를 보았다. 이것이 곧 통계학의 궁극적인 목표이다.

하지만 이것은 시작에 불과하다. 확률은 통계학에서 하나의 중요한 도구에 불과할 뿐이다. 지금부터는 확률, 통계자료의 변동, 자료 해석에서 나타나는 신뢰도 사이의 미묘한 관계를 알아보도록 하자.

4
확률변수

2장에서 우리는 학생들의 몸무게 같은 측정 데이터들을 그래프로 그리거나 중앙점, 산포도, 이상값 등의 용어로 요약할 수 있다는 것을 알았다.
3장에서는 어떤 시행의 결과를 확률로 나타낼 수 있다는 것을 알았다.

어떤 시행을 무수히 반복하면, 시간이 지날수록 결과가 나타나는 횟수는 확률로 결정된다고 예상할 수 있다. 확률은 실생활에서 일어나는 시행들에 대한 하나의 모델을 제공한다. 그러므로 앞에서 데이터를 다뤘던 것처럼 확률모델도 똑같이 다루어야 한다.

> 핵심 개념은 **확률변수**이며 대문자로 쓴다.
>
>
>
> 확률변수는 시행의 수치 결과로 정의한다.

예를 들어 어느 학생집단에서 임의로 한 학생을 추출한다고 하자. 그 학생의 키, 몸무게, 가족 수입, 시험점수는 그 학생의 특징을 나타내는 수치로 된 변수들이다. 이는 모두 확률변수이다.

2개의 동전을 던져서 앞면이 나오는 횟수 0, 1 또는 2를 기록하면 아래와 같다.

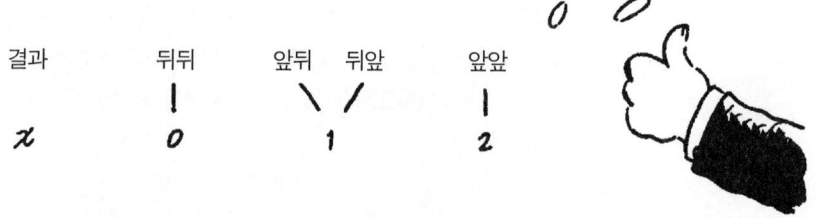

기호표시를 잘 보라! 변수는 대문자 X로 쓴다. 소문자 x는 X의 한 값을 나타낸다.
예를 들어 앞면이 두 번 나오면 $x=2$로 쓴다.

2개의 주사위 던지기를
생각해보자. Y는 두 주사위에서
나온 숫자의 합이라 하자.
그러면 확률변수 Y는
2와 12 사이의 숫자이다.

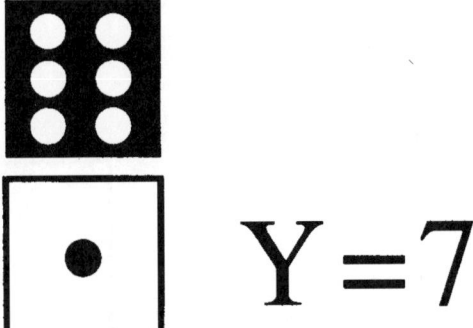

이제 각 결과들의 확률을 살펴보자. 확률변수 X가 x값을 가질 확률은 $Pr(X=x)$ 또는 간단히 $p(x)$로 쓴다. 동전 던지기의 경우 아래와 같은 표를 만들 수 있다.

x	0	1	2
$Pr(X=x)$	$\frac{1}{4}$	$\frac{1}{2}$	$\frac{1}{4}$

이 표를 확률변수 X의 확률분포표라고 한다.

확률변수 Y(두 주사위의 숫자의 합)의 경우 확률분포는 아래와 같다.

y	2	3	4	5	6	7	8	9	10	11	12
$Pr(Y=y)$	$\frac{1}{36}$	$\frac{2}{36}$	$\frac{3}{36}$	$\frac{4}{36}$	$\frac{5}{36}$	$\frac{6}{36}$	$\frac{5}{36}$	$\frac{4}{36}$	$\frac{3}{36}$	$\frac{2}{36}$	$\frac{1}{36}$

얍! 저것 때문에
주사위 놀이를
포기했어!

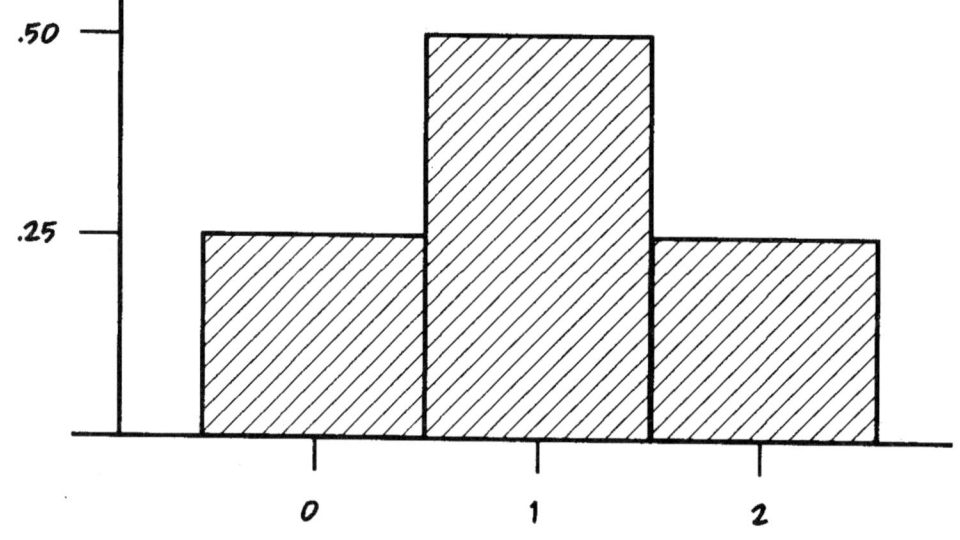

자, 이제 이 확률분포를 히스토그램으로 그려보자. X의 각 값에 대해 높이가 $p(x)$인 막대를 그리면 된다.

이 막대들의 전체 넓이는 1임을 쉽게 알 수 있다. 각 막대는 밑변이 1이고 높이가 $p(x)$이므로 전체 면적은 모든 결과의 확률의 합, 즉 1이 된다.

아래는 두 주사위의 숫자의 합인 확률변수 Y의 확률분포를 보여주는 히스토그램이다.

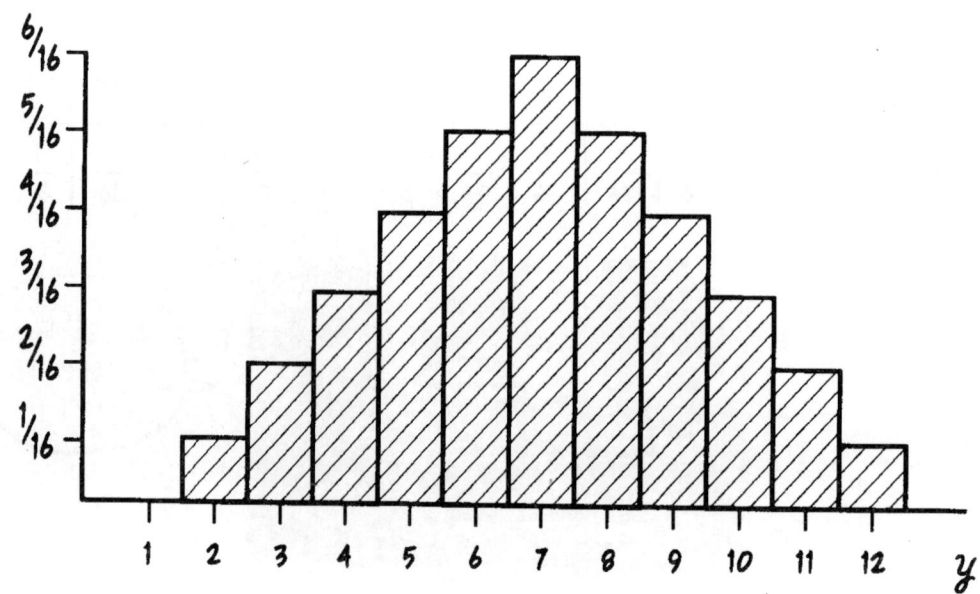

위의 그래프를 왜 히스토그램이라고 부를까? 히스토그램은 각 구간마다 얼마나 많은 데이터가 들어 있는지를 보여주는 그래프라는 사실을 이미 2장에서 배웠다.

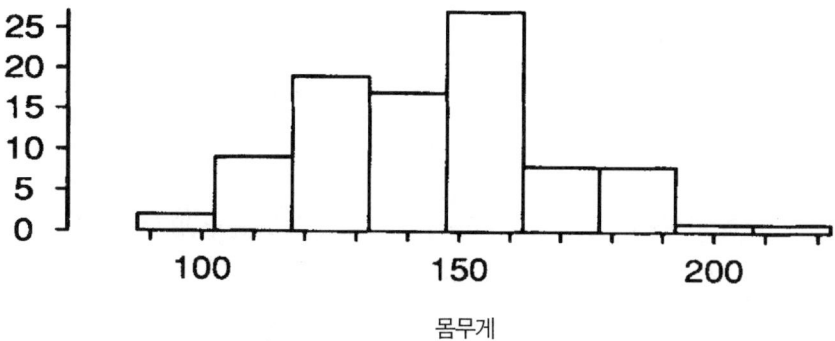

그리고 이 도수 히스토그램에서, 각 구간의 데이터 비율을 보여주는 상대도수 히스토그램을 유도했었다.

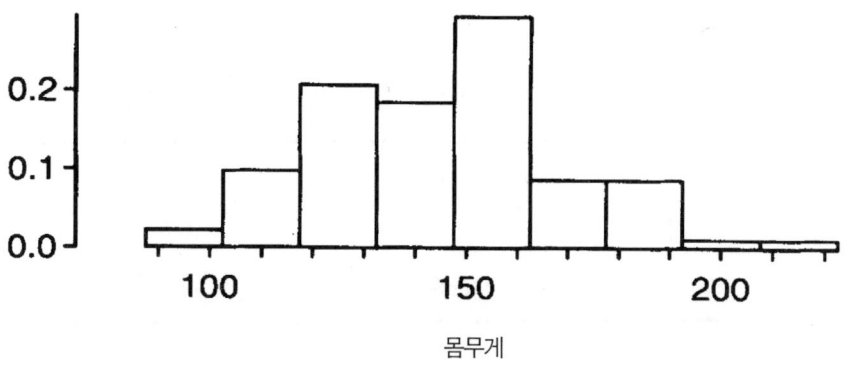

그런데 여러분은 확률도 '장기적 안목에서 보면' 어떤 사건의 상대도수로 정의된다는 것을 기억할 것이다. 어떤 시행을 무수히 반복하면, 그 결과의 상대도수 히스토그램은 그 확률변수의 확률 히스토그램과 아주 유사한 형태가 될 것이다.

우리는 확률변수 X의 확률분포를 알고 있고, 실제 동전 던지기의 결과가 확률과 거의 들어맞을 것도 알고 있다. 1000번을 던진 후 그녀는 자신의 데이터를 정리했다.

확률모델		측정 데이터	
$p(x)$	x	$n_x=$ 발생 횟수	$\frac{n_x}{n} =$ 상대도수
.25	0	260	.260
.5	1	517	.517
.25	2	223	.223

그리고 X의 확률 히스토그램이 상대도수 히스토그램과 형태가 비슷한 걸 알 수 있다.

데이터와 상대도수의 관련성을 확장해서, 이제 확률분포의 평균과 분산(또는 표준편차)을 살펴보자.

추상적인 개념을 생각하면,
그리스 문자가
떠오르지 않나요?

확률변수의 평균과 분산

데이터 집합과 확률분포를 구별하기 위해
우리는 특별한 용어와 기호를 사용한다.

데이터의 속성은 표본 속성으로 불리는 반면, 확률분포의 속성은 모델 또는 모집단 속성으로 불린다.
모집단의 평균은 그리스 문자 μ(뮤)로, 표준편차는 σ(시그마)로 나타낸다.
(데이터의 경우, 로마문자 $\bar{x}$와 s를 사용한다.)

표본평균은 아래와 같이 정의된다.

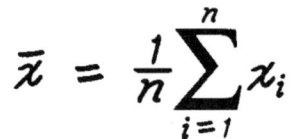

x_i 중 일부는 같은 값을 가질 수 있다. 동전 던지기를 생각해보자. 가능한 값은 0, 1, 2뿐인데, 그녀는 1000번을 던졌다. 그러니 0은 260번, 1은 517번, 2는 223번이나 나왔다.

X가 취하는 값을 x라 하고, x값을 갖는 데이터의 수를 n_x라고 하자. 그러면 위의 공식을 아래처럼 다시 쓸 수 있다.

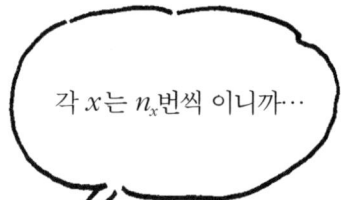

OR

아! 그런데 n_x/n는 상대도수다. 즉, '근사 확률'이다… 이 수는 n이 커지면 $p(x)$에 가까워지므로 아래 식을 유추할 수 있다.

그리고 이것을 확률분포의 평균으로 정의할 수 있다.

정의

확률변수 X의 평균은 아래와 같이 정의된다.

$$\mu = \sum_{\text{all } x} x p(x)$$

히스토그램의 중앙이라는 의미!

또한 이것은 X의 **기대값**, 즉 E[X]로도 부른다. 이것은 확률이 가중된 가능한 모든 값의 합으로 생각하면 된다.

동전 던지기의 경우, 표본평균 $\bar{x}$와 모델평균 μ를 비교하면

표본

x	$\frac{n_x}{n}$	$x\frac{n_x}{n}$
0	.26	0
1	.517	.517
2	.223	.446
		.963 = $\bar{x}$

모델

x	$p(x)$	$xp(x)$
0	.25	0
1	.5	.5
2	.25	.5
		1 = μ

분산도 똑같은 방법으로 생각해보자. 여러분은 아래의 식을 기억할 것이다.

$$s^2 = \frac{1}{n-1}\sum_{i=1}^{n}(x_i - \bar{x})^2$$

이것은 데이터가 평균에서 떨어져 있는 편차의 제곱을 평균한 것이다. 위에서처럼 이것을 다시 쓰면

$$s^2 = \sum_{\text{all } x}(x - \bar{x})^2 \frac{n_x}{n-1}$$

그대로 있어, 그대로…

이런! 갈수록 태산이군!

분모가 n 대신 $n-1$인 것 말고는 이 식 역시 가중된 편차를 제곱한 합으로 보인다. 그래서 또 하나의 정의를 만들면,

확률변수 X의 **분산**은 모평균에서 얻은 편차를 제곱한 기대값이다.

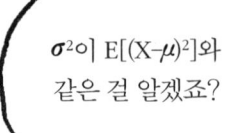

$$\sigma^2 = \sum_{\text{all } x} (x-\mu)^2 p(x)$$

표준편차 σ는 분산의 제곱근이다.

앞에 나온 표를 이용해서 동전 던지기의 분산을 찾을 수 있다.

x	$p(x)$	$(x-\mu)^2 p(x)$
0	.25	$(0-1)^2 .25 = .25$
1	.5	$(1-1)^2 .50 = 0$
2	.25	$(2-1)^2 .25 = .25$
합계		$.50 = \sigma^2$

요약하면, 모집단의 평균 μ와 표준편차 σ는 확률분포로 계산할 수 있으며, 표본 데이터의 표본평균 $\bar{x}$, 표준편차 s와 아주 유사하다.

지금까지의 예는 모두 이산확률변수이다.
3장에서 보았듯이 결과들은 모두 서로 떨어진('이산') 값의 집합이다. 하지만

연속확률변수도 있다.

모든 사건이 0의 확률을 갖는 시행을 상상해보라.
이는 모든 x에 대해 $p(x)=0$이라는 뜻이다.

예를 들어 회전게임판에서 지침은 원의 어느 지점에서나 멈출 수 있다. 바늘이 멈춘 부분의
원주 전체에 대한 비율을 X라 하면, 확률변수 X는 0과 1사이의 값을 취하고 그 값은 무한개가 된다.

X가 어떤 범위에 있을 확률은
쉽게 찾을 수 있다.
예를 들어 $Pr(.25 \leq X \leq .75) = .5$이다.
X의 범위가 원주의 절반이기 때문이다.
하지만 $Pr(X=.5)$는?
X는 무한개의 값을 취할 수 있고
이들 모두 가능성은 동일하기 때문에,
X가 .5가 될 확률은 정확히 0이 된다.

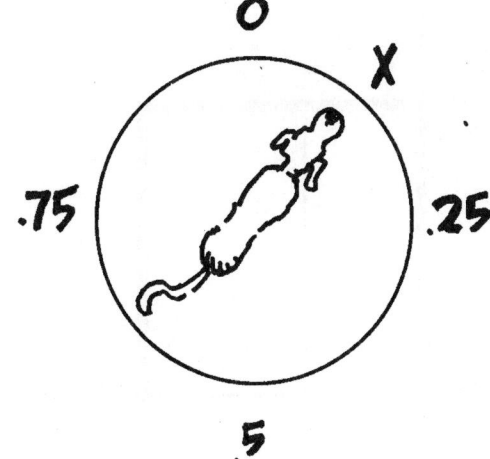

이것을 어떻게 그림으로 그릴 수 있을까?
이산확률처럼 연속확률도
면적으로 나타낼 수 있다.
회전게임판의 경우, 그 면적은
아래와 같은 모양이다.

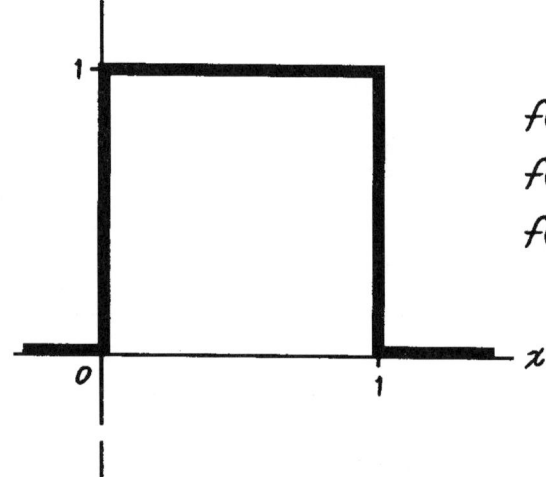

$f(x) = 0$ WHEN $x < 0$
$f(x) = 1$ WHEN $0 \leq x \leq 1$
$f(x) = 0$ WHEN $x > 1$

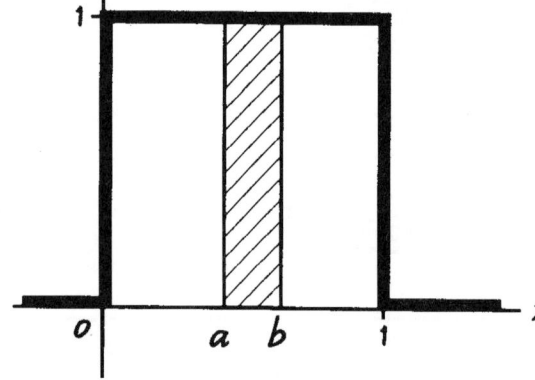

지침이 a와 b 사이를 가리킬 확률은
정확하게 그래프 내 빗금친 부분의
면적과 같다(이 경우 $b-a$).

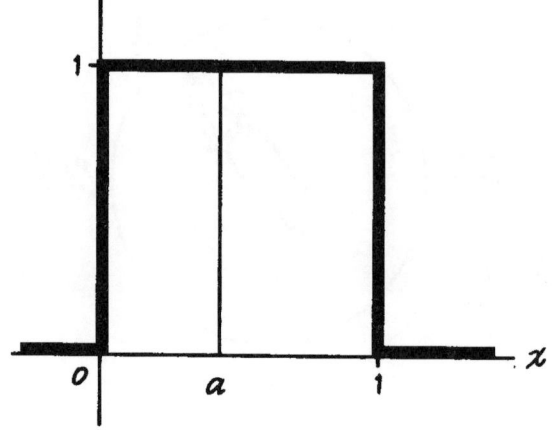

하지만 지침이 한 점을 가리킬 확률은
한 점 위의 '면적'이고 이는 0이다(그리고
그래프 아래의 면적 전체는 정확히 1이다).

계산기나 컴퓨터에 있는 난수 생성기도 마찬가지다. 버튼을 눌러 0과 1사이의 숫자를 나오게 해보자. 회전게임판과 마찬가지로 모든 숫자는 나올 가능성이 동일하다.

그러나 불행히도 이 숫자들은 어떤 알고리즘에 따라 만들어지므로 진짜 난수는 아니다. 정확히 말하면 준난수라 할 수 있다.

여기서 그래프 $y = f(x)$를 연속확률변수 X의 확률밀도라고 한다. 모든 연속확률변수는 자신만의 확률밀도를 갖는다.
확률 $Pr(a \leq X \leq b)$는 x 값이 a와 b 사이인 그래프 아래의 면적이다.

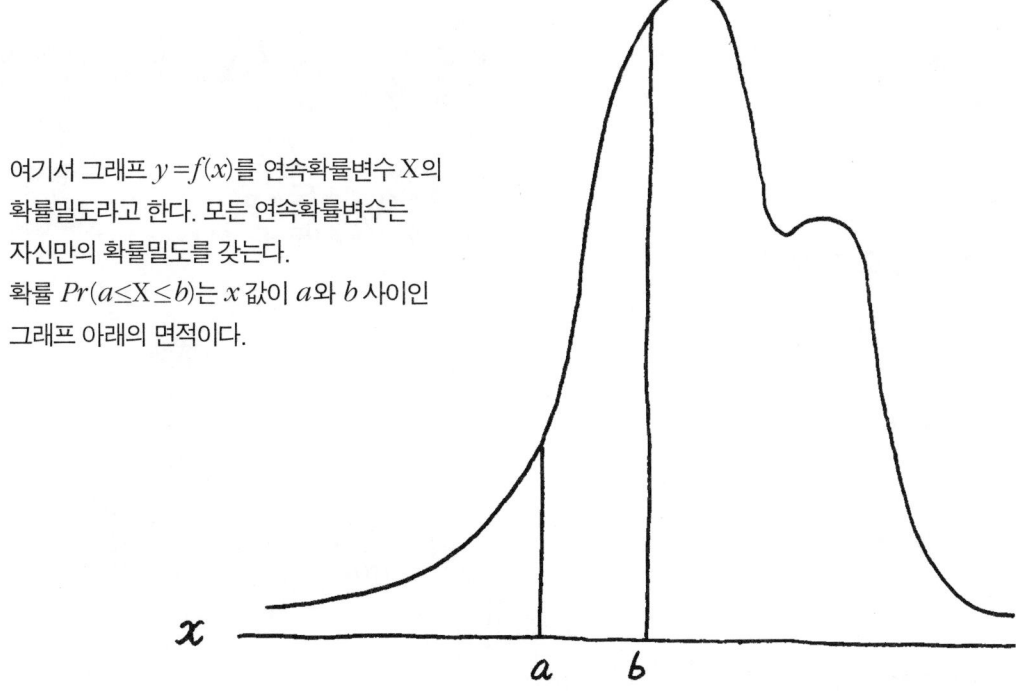

일반적으로 확률밀도는
단순하지 않으며, 그래프 아래의
면적을 계산하기도 쉽지 않다.

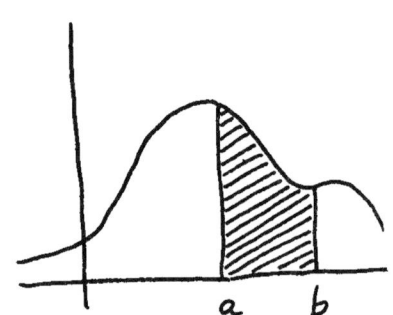

$$\int_a^b f(x)dx$$

그래프 $f(x)$ 아래의 면적을 나타내기
위해서는 특정한 수학기호를 사용해야 한다.
이 기호는 'a에서 b까지 f의 적분'이라고 읽는다.

이산확률과 마찬가지로,
연속확률밀도도 눈에 익은
두 가지의 성질을 갖고 있다.

$$f(x) \geq 0$$

$$\int_{-\infty}^{\infty} f(x)dx = 1$$

무한대 표시를 보고 놀라지는 마!
그건 단지 그래프의 끝에서 끝까지의
그래프 아래 면적을 뜻하는 거야.
물론 끝이 없는 경우는 제외하고!

기호가 낯설지 모르지만 그건 면적을 뜻할 뿐, 적분기호는 합을 뜻하는 's'를 늘린 형태이다. 어떤 의미에서는 적분은 합이라고 할 수 있다.

합의 의미를 갖는 적분을 사용해서

연속확률변수의 평균과 분산을 정의할 수 있다.

$$\mu = \int_{-\infty}^{\infty} x f(x) dx$$

$$\sigma^2 = \int_{-\infty}^{\infty} (x-\mu)^2 f(x) dx$$

오른쪽의 이산확률 공식과 유사하다.

$$\mu = \sum_{all\ x} x p(x)$$

$$\sigma^2 = \sum_{all\ x} (x-\mu)^2 p(x)$$

공식만으로는 분명하지 않을 수 있지만, 위와 같이 정의된 평균과 분산은 확률밀도 $f(x)$에 따라 확률의 중앙값과 평균 편차의 역할을 한다. 아래 그림을 기억해두자.

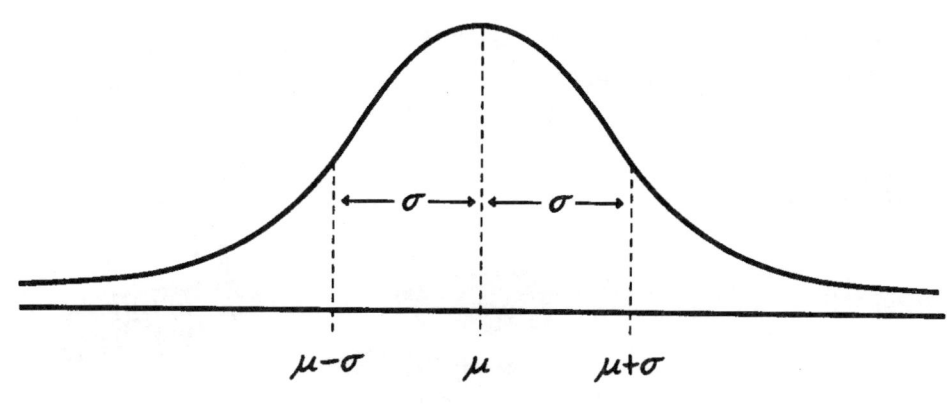

확률변수의 덧셈

확률변수의 평균과 분산으로 무얼 할 수 있을까? 그 중 하나는 다른 확률변수의 평균과 분산을 찾을 수 있다는 것이다.

동전 던지기를 예로 들어보자. 앞면이 나올 경우 $x=1$이라 하고, 뒷면이 나올 경우 0이라 하자.

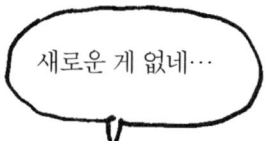

평균을 찾아보면,

$$E[X] = 0 \cdot p(0) = 1 \cdot p(1)$$
$$= 0 + .5$$
$$= .5$$

그리고 분산은

$$\sigma^2 = (0-.5)^2 p(0) + (1-.5)^2 p(1)$$
$$= .25$$

이제 간단한 도박게임을 해보자. 처음에 여러분은 6달러를 낸다. 내가 동전을 던져서 앞면이 나오면 여러분이 10달러를 가져가고 뒷면이 나오면 6달러를 잃는다. 여러분이 따는 돈 W는 다음과 같다.

$$W = 10X - 6$$

새로운 확률변수다!
평균과 분산은 어떻게 구할까?

조금만 생각하면 E[W]가 아래와 같음을 알 수 있다.

$$E[W] = E[10X - 6]$$
$$= 10E[X] - 6$$

이것을 계산하면

$$10(0.5) - 6 = -1$$

오른쪽 표에서 확인할 수 있다.

즉, 여러분이 돈을 잃는다는 말씀!

아래 식은 증명하기 쉽다.

$$E[aX+b] = aE[X] + b$$

여기서 a와 b는 임의의 상수이고 X는 확률변수이다. 분산에서도 아래의 식이 일반적으로 성립한다.

$$\sigma^2(aX+b) = a^2\sigma^2(X)$$

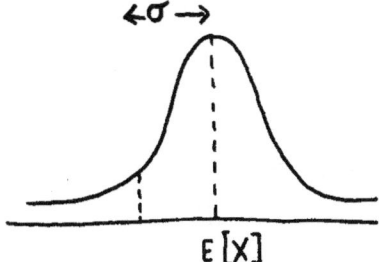

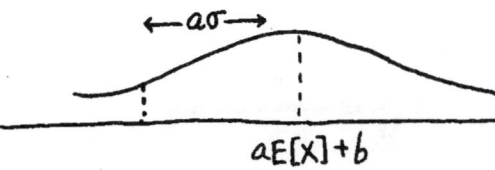

위의 도박게임에서 가능한 결과는 −6과 4이다. 그래서 W의 분산은 X의 분산보다 더 클 것이다.

$$\sigma^2(W) = \sigma^2(10X+6)$$
$$= 100\sigma^2(X)$$
$$= 25$$

그리고

$$\sigma(W) = 5$$

풋내기가 내기를 걸다니! 쯧...

또한 두 확률변수를 서로 더할 수도 있다. 예를 들어 1개의 동전을 두 번 던진다고 하자.
첫번째와 두번째에 앞면이 나오는 확률변수를 x_1, x_2라 하면 앞면이 나오는 총 횟수는 x_1+x_2이다.

x_1+x_2	0	1	2
$p(x_1+x_2)$	.25	.5	.25

역시 아래 식을 쉽게 알 수 있다.

$$E[X_1+X_2] = E[X_1] + E[X_2]$$

x_1+x_2의 확률분포는 묻지 마. 그건 본래의 두 확률분포의 형태에 따라 복잡하게 달라진다.
예를 들어 x_1, x_2가 둘 다 회전게임판의 확률분포라면, 그 히스토그램은 아래와 같다.

확률변수 X와 Y가 서로 독립이면, 두 확률변수의 합의 분산은 간단한 형태가 된다. 기술적으로는 확률이 P(A AND B) = P(A)P(B)이 될 때 독립이라고 정의한다. 하지만 우린, 한 번은 동전을 던지고 한 번은 주사위를 굴리는 것처럼 X와 Y가 독립적인 기법으로 이루어지는 걸 독립이라고 생각하면 된다.

카지노 밖에서 완전한 독립의 예를 찾기는 힘들어…

X와 Y가 독립이면, 각각의 분산을 더하면 된다.

$$\sigma^2(X+Y) = \sigma^2(X) + \sigma^2(Y)$$

2개의 동전 던지기의 경우,

$$\sigma^2(X_1 + X_2) = \sigma^2(X_1) + \sigma^2(X_2)$$
$$= .25 + .25$$
$$= .5$$

하지만 이상적인 통계의 세계에서는 이것이 아주 유용하지.

확률변수가 많은 때에도 위의 식들을 일반화할 수 있다.

$$E\left[\sum_{i=1}^{n} X_i\right] = \sum_{i=1}^{n} E[X_i]$$

그리고 X_i가 모두 독립일 때에는 아래와 같다.

$$\sigma^2\left(\sum_{i=1}^{n} X_i\right) = \sum_{i=1}^{n} \sigma^2(X_i)$$

다음 장에서는 확률변수의 중요한 사례 두 가지를 살펴볼 것이다. 하나는 이항분포로서 많은 독립 확률변수들의 합이다. 또 하나는 정규분포로서 이항분포와 밀접한 관련성이 있는 연속확률분포이다.

5
두 확률분포 이야기

이제 두 가지 중요한 확률분포의 사례를 살펴보자.
하나는 이산확률분포이고,
다른 하나는 연속확률분포이다.

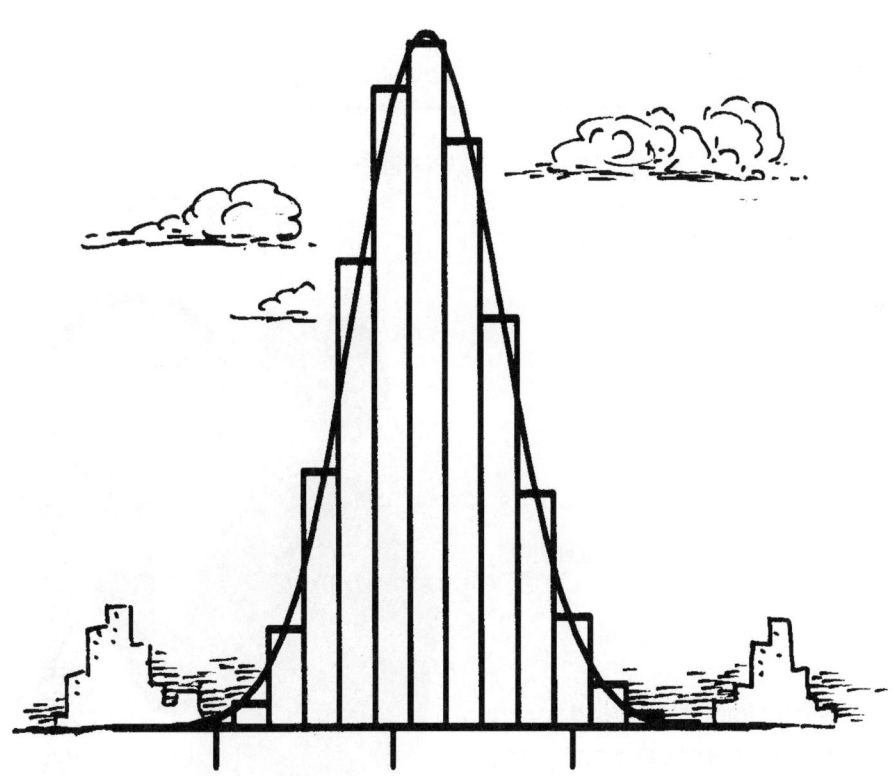

먼저 이항분포라고 불리는 이산확률분포부터 시작하자. 가능한 결과가 두 가지뿐인 시행을 생각해보자. 앞면 아니면 뒷면인 동전 던지기, 승리 아니면 패배인 축구경기, 합격 아니면 불합격인 자동차 배기가스 검사 등등. 어느 것이든 그 결과 중 하나는 성공으로, 다른 하나는 실패라고 부른다.

이제 할 일은 이 시행을 계속 반복해보는 것이다. 이처럼 반복 가능한 시행을

베르누이 시행 이라고 한다.

이는 아래와 같은 중요한 성질을 갖는다.

1) 각 시행의 결과는 성공 아니면 실패이다.

2) 성공확률 p는 시행마다 동일하다.

3) 각 시행은 독립이다. 어떤 시행 결과는 그 이후의 결과에 전혀 영향을 미치지 않는다.

성공확률 p인 베르누이 시행을 반복하는 경우 새로운 확률변수를 만들어낼 수 있다.

이항 확률변수

X는 성공확률 p인 베르누이 시행을 n번 반복할 경우의 성공 횟수다.

예를 들어 동전을 두 번 던질 때 앞면(성공)이 나오는 횟수를 이항확률변수로 나타낼 수 있다. 이 경우 $n=2$, $p=.5$가 된다.

k = 성공 횟수	0	1	2
Pr(X=k)	.25	.5	.25

1개의 주사위를 연속적으로 네 번 던지는 드 메레의 도박도 이항확률변수이다. 이때 성공은 6이 나오는 경우다.

주사위를 네 번 굴릴 때 6이 k번 나올 확률은 얼마일까?

일반적으로 확률 p, 시행횟수 n 인 이항확률분포는 어떻게 될까? n 번의 시행에서 k 번 성공할 확률 $Pr(X=k)$ 를 계산하면 아래와 같다.

$$Pr(X=k) = \binom{n}{k} p^k (1-p)^{n-k}$$

여기서 $\binom{n}{k}$ 는 이항계수인데, 'n 개에서 k 개를 선택'한다고 읽는다. 이것은 n 번의 시행에서 k 번 성공할 수 있는 모든 방법의 수이다. k 번 성공하고 $(n-k)$ 번 실패하는 각 사건의 확률은 곱셈정리에 따라 $p^k (1-p)^{n-k}$ 가 된다. 그리고 이러한 사건의 가짓수는 $\binom{n}{k}$ 이다.

$\binom{n}{k}$ 의 계산공식은

$$\binom{n}{k} = \frac{n!}{k!(n-k)!}$$ 이다.

여기서

$$n! = n \times (n-1) \times (n-2) \times \ldots \times 1$$ 이다.

그리고 0!은 1이다. 예를 들면, 4개의 글자 중에 2개를 선택하는 방법의 수 $\binom{4}{2}$ 를 계산하면, 아래와 같다.

$$\binom{4}{2} = \frac{4!}{2! 2!} = \frac{24}{4} = 6$$

이항계수는 파스칼의 삼각형으로 계산할 수도 있다. 파스칼의 삼각형 내에 있는 각 숫자들은 바로 위에 있는 두 숫자의 합이다.

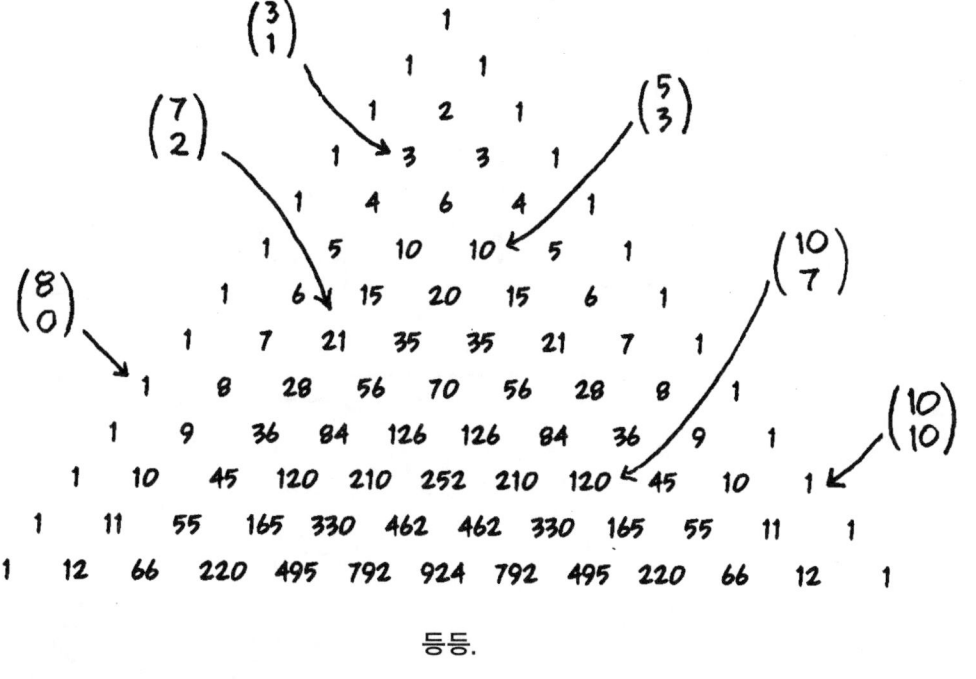

$\binom{n}{k}$는 n번째 열의 k번째 숫자이다(0부터 세어야 한다는 것을 명심할 것).

$p = .5$일 경우 이항분포는 완전 대칭이 된다. 예를 들어 6개의 동전을 던지는 경우, 이항분포는 아래와 같다.

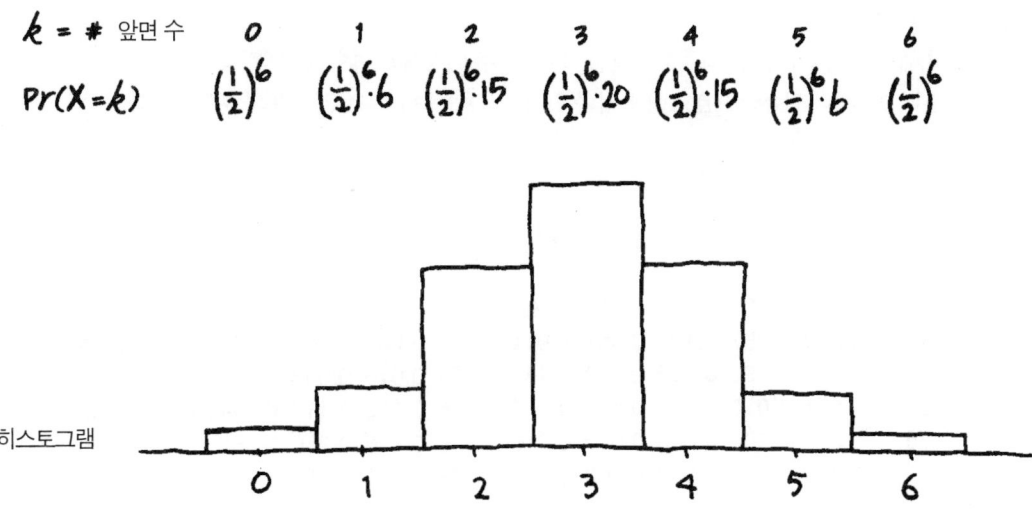

드 메레의 4개의 동전 던지기의 경우에는 그 분포가 한쪽으로 기울어 있다.

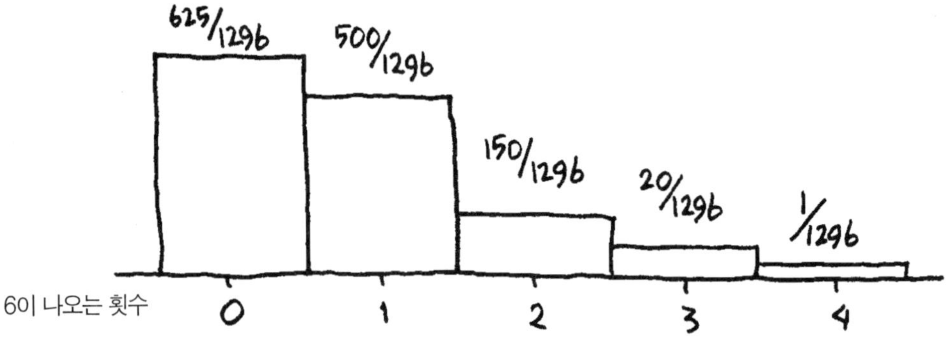

625/1296
500/1296
150/1296
20/1296
1/1296

6이 나오는 횟수 0 1 2 3 4

이항분포의 평균과 분산은

$$\mu = np$$
$$\sigma^2 = np(1-p)$$

n번의 베르누이 시행에서 성공의 기대값은 np이므로, 이항분포의 평균은 직관적으로 이해할 수 있을 것이다. 분산은 이항분포가 분산 $p(1-p)$인 베르누이 시행을 n번 합친 것이라는 사실에서 쉽게 유도된다.

지루하게 식을 유도하지는 않을게…

고마워요 고마워요 고마워요!!!

이항분포의 매개변수는 n과 p이다. 분포, 평균, 분산 모두 이 2개의 변수로 결정된다.
이항분포표는 교과서나 컴퓨터 프로그램에 나와 있다. 아래 표는 $n=10$인 경우의 분포표이다.

$Pr(X=k)$ 의 값

		k=0	1	2	3	4	5	6	7	8	9	10
	.1	0.349	0.387	0.194	0.057	0.011	0.001	0.000	0.000	0.000	0.000	0.000
	.25	0.056	0.188	0.282	0.250	0.146	0.058	0.016	0.003	0.000	0.000	0.000
p	.50	0.001	0.010	0.044	0.117	0.205	0.246	0.205	0.117	0.044	0.010	0.001
	.75	0.000	0.000	0.000	0.003	0.016	0.058	0.146	0.250	0.282	0.188	0.056
	.9	0.000	0.000	0.000	0.000	0.000	0.001	0.011	0.057	0.194	0.387	0.349

n이 클 경우에는 분포표의 계산이 아주 힘들다. 18세기에 야곱 베르누이와 아브라함 드무아브르는 컴퓨터도 없이 계산을 해내고자 했다.

드무아브르는 새로운 계산법을 이용해서, $p=.5$인 이항분포가 아주 간명한 연속확률밀도함수로 근사될 수 있음을 보였다.

예컨대 n이 백만인 아주 큰 값의 이항분포를 생각해보자.

이제 드무아브르가 했듯이, 이 그래프를 평균이 0이 되도록 옮기자.

*y*축을 옮겨도 돼!

그리고 표준편차가 1이 되도록 그래프를 *x*축 방향으로 압축하고, *y*축 방향으로는 그래프 아래 면적이 1이 되도록 늘린다.

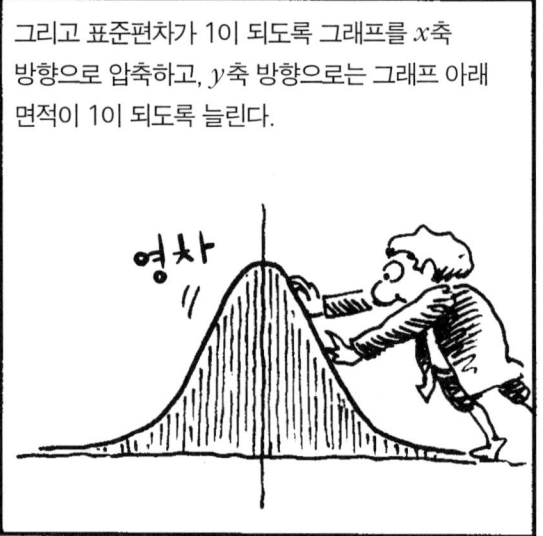

그러면 매끄럽고 대칭적인 종모양의 그래프가 만들어진다.
드무아브르는 이 그래프를 아래와 같은 간단한 식으로 나타냈다.

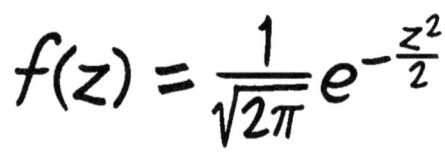

$$f(z) = \frac{1}{\sqrt{2\pi}} e^{-\frac{z^2}{2}}$$

이 함수를 **표준정규분포**라고 부른다.
(e는 유용한 수학적 상수로서 약 2.718이야.)

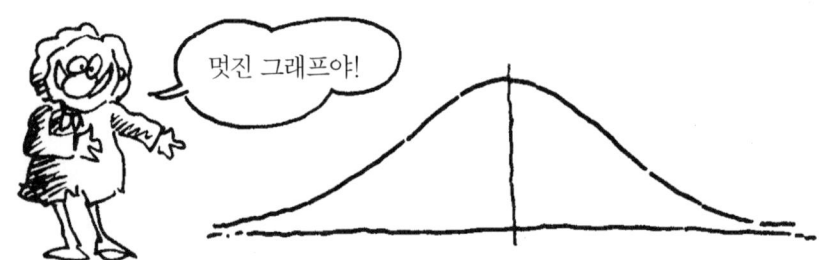

멋진 그래프야!

이 함수가 정말 종모양인지 확인해보라. z가 0에서 멀리 떨어진 값일수록 $f(z)$는 0에 가깝다.
그리고 $f(z)=f(-z)$이므로 대칭적이고, $z=0$에서 최대값을 갖는다.
이 분포는 오른쪽과 같은 단순한 성질을 갖도록 특별히
조정한 것으로 표준정규분포라는
이름이 붙여졌다.

$$\mu = 0$$
$$\sigma = 1$$

표준정규분포를 늘리거나 이동시키면 평균과 분산이 상이한 여러 가지 정규분포를 얻는다.
정규분포는 일반적으로 아래와 같이 나타낸다.

$$f(x|\mu,\sigma) = \frac{1}{\sigma\sqrt{2\pi}} e^{-\frac{1}{2}\left(\frac{x-\mu}{\sigma}\right)^2}$$

이것은 평균 μ를 중심으로 분산이 σ인 종모양의 분포다.

아래에 예시한 2개의 정규분포에서, 빗금친 부분은 표준편차 이내의 영역이다.

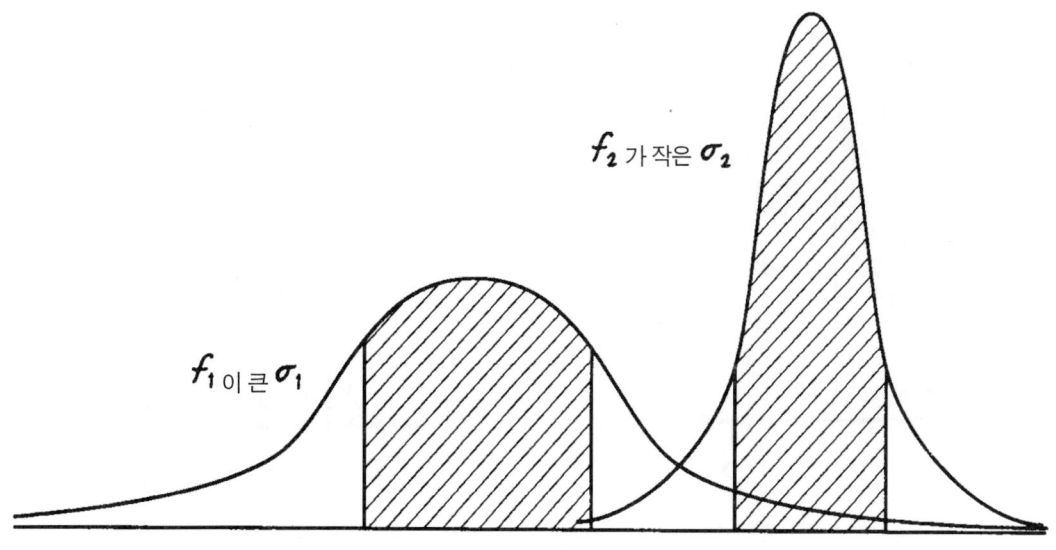

드무아브르는 $p=.5$인 (정규화된) 이항분포가 표준정규분포와 잘 맞는다는 것을 증명했지만, 사실 이것은 모든 p값에 대해 성립한다. 일반적으로 시행 n, 확률 p인 이항분포는 어떤 p값에 대해서도 아래와 같은

$\mu = np$ 와
$\sigma = np(1-p)$

정규분포로 근사된다.

그러나 아래의 그림에서 볼 수 있듯이, n이 커지면 이항분포의 비대칭성은 사라진다.

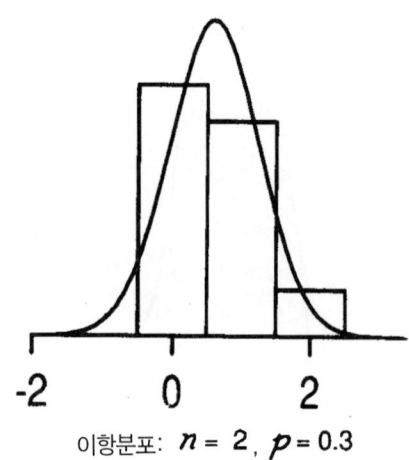

이항분포: $n = 2$, $p = 0.3$

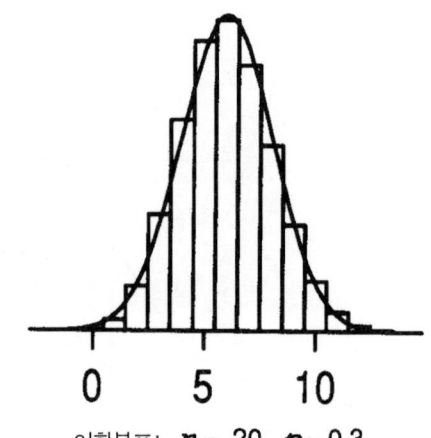

이항분포: $n = 20$, $p = 0.3$

사실, 이항분포에 대한 드무아브르의 발견은 정규분포의 중요성을 보여주는 특수한 예에 불과하다. 아래의 정리는 정규분포가 자연 속에 아주 광범위하게 존재하는 이유를 설명해준다.

'퍼지중심극한정리'

작고 독립적인 임의 효과들의
영향을 받는 데이터는
근사적으로 정규분포를 따른다.

바로 이것이 어디서나 정규분포를 쉽게 찾아볼 수 있는 이유다. 증권시장의 변동, 학생들의 몸무게, 연평균 기온, 대입 시험점수 등 모두가 서로 다른 효과들의 복합적인 결과다. 예를 들면, 학생들의 몸무게는 유전, 영양, 질병과 지난밤의 맥주파티의 영향이 집적된 결과다. 이 모든 영향을 종합하면 정규분포가 된다!(이항분포는 n개의 독립적인 베르누이 시행의 결과임을 기억하라.)

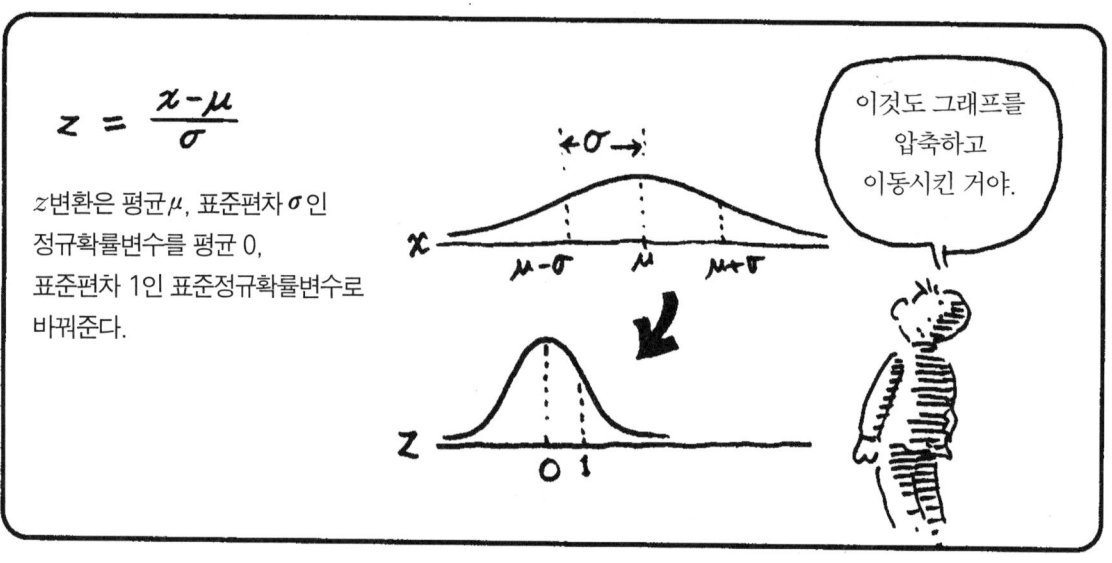

이제 표준정규분포 $f(z)$의 표만 있으면 어떤 정규분포의 확률도 찾을 수 있다.

z	-2.5	-2.4	-2.3	-2.2	-2.1	-2.0	-1.9	-1.8	-1.7	-1.6
F(z)	0.006	0.008	0.011	0.014	0.018	0.023	0.029	0.036	0.045	0.055
z	-1.5	-1.4	-1.3	-1.2	-1.1	-1.0	-0.9	-0.8	-0.7	-0.6
F(z)	0.067	0.081	0.097	0.115	0.136	0.159	0.184	0.212	0.242	0.274
z	-0.5	-0.4	-0.3	-0.2	-0.1	0.0	0.1	0.2	0.3	0.4
F(z)	0.309	0.345	0.382	0.421	0.460	0.500	0.540	0.579	0.618	0.655
z	0.5	0.6	0.7	0.8	0.9	1.0	1.1	1.2	1.3	1.4
F(z)	0.691	0.726	0.758	0.788	0.816	0.841	0.864	0.885	0.903	0.919
z	1.5	1.6	1.7	1.8	1.9	2.0	2.1	2.2	2.3	2.4
F(z)	0.933	0.945	0.955	0.964	0.971	0.977	0.982	0.986	0.989	0.992
z	2.5									
F(z)	0.994									

여기서 $F(a) = Pr(z \leq a)$이고, 이는 확률밀도함수의 그래프에서 점 $z=a$ 왼쪽의 면적이다.

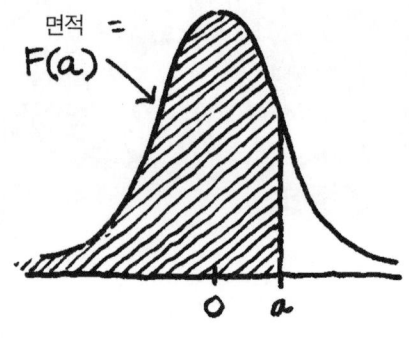

누적확률 $y=F(z)$의 그래프를 그리면 오른쪽과 같다.

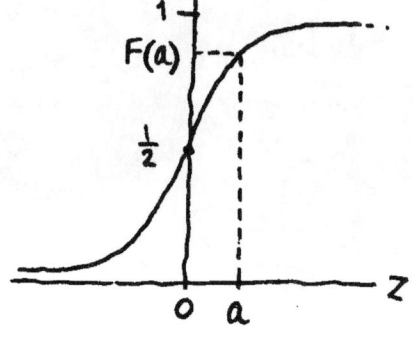

표를 이용하면 z의 어떤 범위 ($a \leq z \leq b$)에 해당하는 확률도 구할 수 있다. 그것은 바로 면적 $F(b)$와 $F(a)$의 차이다.

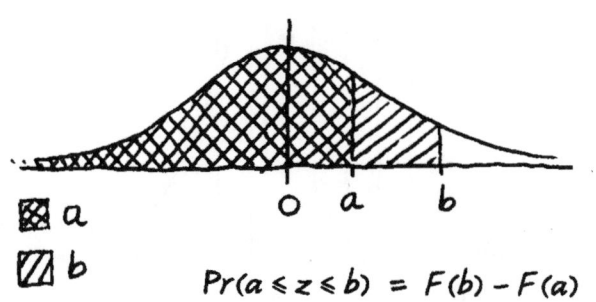

■ a
▨ b

$Pr(a \leq z \leq b) = F(b) - F(a)$

예를 들면,

$Pr(-1 < z < 1) = F(1) - F(-1)$
$= .8413 - .1587$
$= .6826$

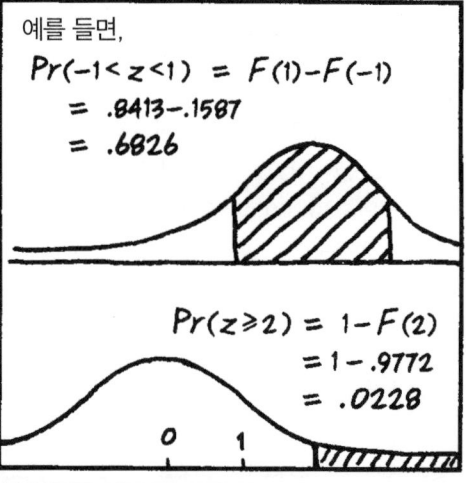

$Pr(z \geq 2) = 1 - F(2)$
$= 1 - .9772$
$= .0228$

변환식 $z = \frac{x-\mu}{\sigma}$을 사용하면 똑같은 표를 이용해 다른 정규분포의 확률도 구할 수 있다.

학생들의 몸무게가 평균 $\mu = 150$, 표준편차 $\sigma = 20$인 정규분포라고 가정하자.

그러면 몸무게가 170파운드 이상인 확률은 얼마일까?

이제 이건 '간단한' 산수일 뿐이다.

$Pr(X > 170) =$
$Pr\left(\frac{X-\mu}{\sigma} > \frac{170-150}{20}\right) =$
$Pr\left(Z > \frac{20}{20}\right) =$

$Pr(Z > 1)$

답은 $1 - F(1)$이고, 표에서 $1 - .8413 = .1587$임을 알 수 있다.

$= .1587$

몸무게가 170파운드 이상인 학생은 6명 중 한 명이 약간 안 된다.

그래서 정규분포의 확률을 계산하는 일반식은 아래와 같다.

$$Pr(a \leq X \leq b) = F\left(\frac{b-\mu}{\sigma}\right) - F\left(\frac{a-\mu}{\sigma}\right)$$

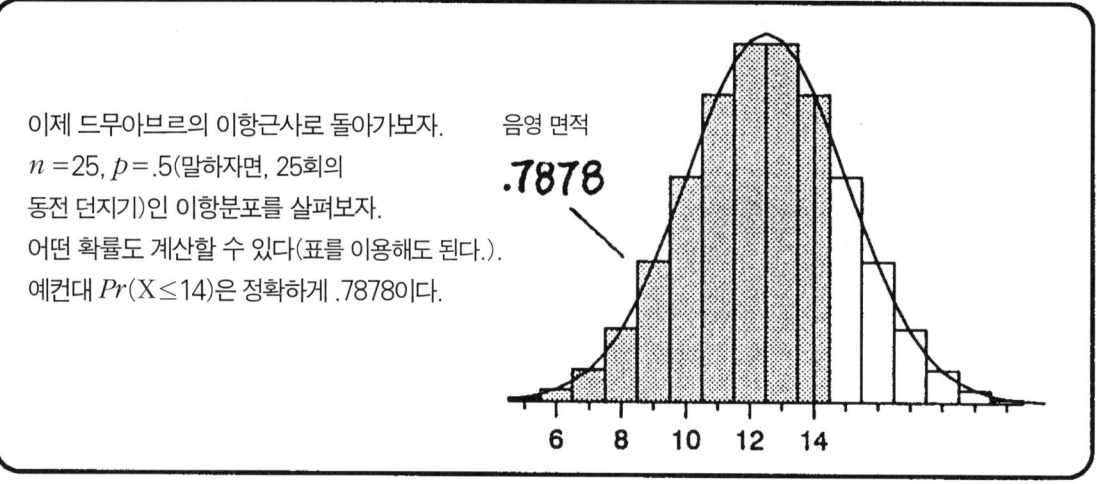

이제 드무아브르의 이항근사로 돌아가보자. $n=25$, $p=.5$(말하자면, 25회의 동전 던지기)인 이항분포를 살펴보자. 어떤 확률도 계산할 수 있다(표를 이용해도 된다.). 예컨대 $Pr(X \leq 14)$은 정확하게 .7878이다.

이제 같은 평균 $\mu = np = (25)(.5) = 12.5$, 표준편차 $\sigma = np(1-p) = 2.5$를 갖는 정규확률변수 X^*를 계산해보자.

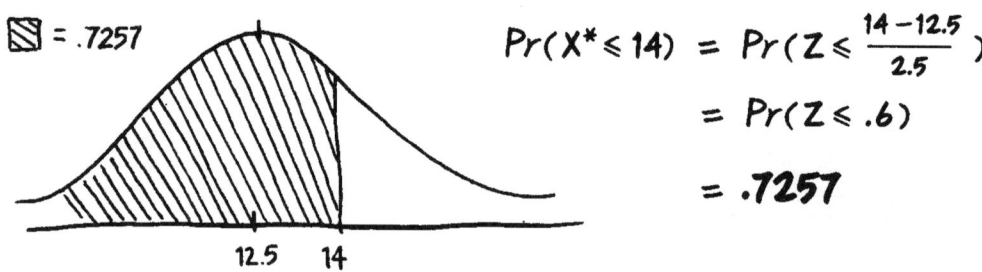

$$Pr(X^* \leq 14) = Pr(Z \leq \frac{14-12.5}{2.5})$$
$$= Pr(Z \leq .6)$$
$$= .7257$$

아, 그런데 이보다 더 잘할 수 있다. 첫번째 히스토그램을 자세히 들여다보면, 숫자들이 각 막대그래프의 중앙에 있는 걸 볼 수 있다. 이것은 $Pr(X^* \leq 14)$가 실제로는 $x = 14.5$ 이하의 막대그래프들의 면적이라는 뜻이다. 이 .5를 감안하면,

$$Pr(X^* \leq 14.5) = Pr(Z \leq .8)$$
$$= .7881$$

.7878에 훨씬 가까운 근사값이다!

이처럼 작은 값 .5를 추가로 더하는 것을

연속성 수정 이라고 한다.

이것을 통해 이항분포의 이산확률변수 X의 연속적인 근사값을 얻을 수 있다. 이를 요약하면 아래와 같은 무시무시한 공식이 된다.

> 이 가장자리들을 다듬어야 해!

$$\Pr(a \leq X \leq b) \simeq \Pr\left(\frac{a - \frac{1}{2} - np}{\sqrt{np(1-p)}} \leq Z \leq \frac{b + \frac{1}{2} - np}{\sqrt{np(1-p)}}\right)$$

이 근사는 어떤 경우에 '충분히 좋을까?' 통계학자들의 기본 법칙에 따르면 성공 횟수와 실패 횟수 둘 다 5보다 크도록 n이 충분히 크면 된다.

$$np \geq 5 \quad \text{그리고} \quad n(1-p) \geq 5$$

$p = 0.1$인 아래의 히스토그램에서 n이 $np = 5$가 50이 될 때까지는 그리 잘 맞지 않는 것을 알 수 있다.

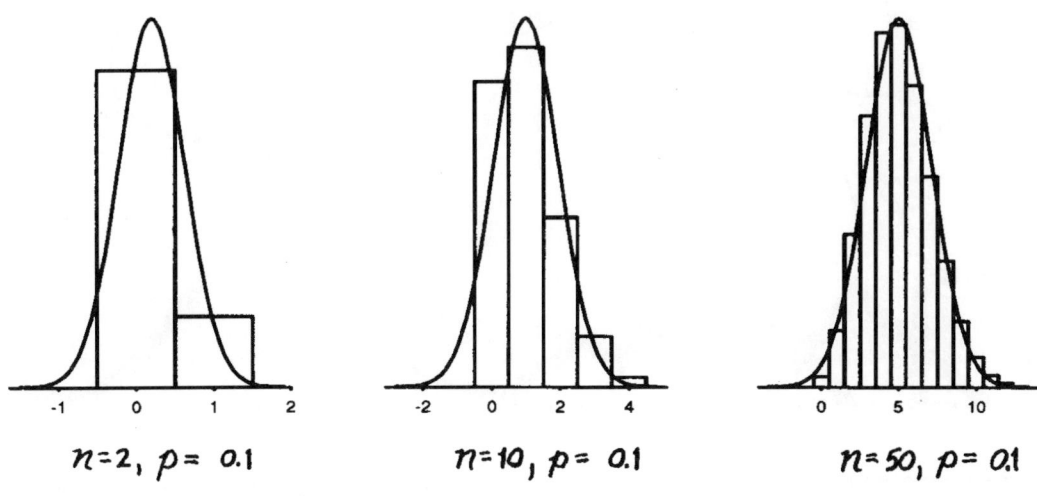

$n = 2, \ p = 0.1$ $n = 10, \ p = 0.1$ $n = 50, \ p = 0.1$

정규분포 근사의 가장 큰 이점은 무엇일까? 이항분포는 자연에서 쉽게 찾아볼 수 있고, 이해하기도 어렵지 않지만 계산이 번거롭다.

정규근사는 직관적으로 이해하기 어려울 수 있지만 이용하기가 아주 쉽다. z변환은 어떤 정규분포도 **표준정규분포**로 바꾸며, 해당 확률을 표에서 바로 찾게 해준다.

아울러 정규분포는 그야말로 모든 확률분포의 어머니라 할 수 있다!

6
표본추출

지금까지 동전, 주사위 던지기와 추상적인 개념들을 공부하고 나니, 이런 통계 도구들이 실제로 어떻게 쓰이는지 궁금할 것이다. 이제 그 쓰임새를 알아보자.

이 장에서는 통계의 실제 용도를 알아보고, 이를 통해 시간과 비용이 얼마나 절약되는지 살펴보자. 사람들은 불필요한 일에 시간을 낭비하고 싶어하지 않는다. 통계 역할 중 하나는 우리가 얼마나 여유를 누릴 수 있는지 정확히 알려주는 것이다.

실생활에서 부딪히는 문제는 데이터의 양이 너무 많아서 원하는 정보를 얻기 어렵다는 것이다.

그러나 우리는 비버가 아니다.
우리는 통계학자야!
더 쉬운 방법을 찾아보자.

한 가지 방법은 선거 때
여론조사원처럼
모집단의 작은 부분집합인
표본을 구하는 것이다.

그럼 여기서 자연스럽게 떠오르는 의문 하나,
의미 있는 결과를 얻으려면 표본은 얼마나 커야 할까?

다음 사실만은 꼭 기억해두자. 앞으로 밝히겠지만, 표본의 크기를 n이라 할 때 모든 것을 좌우하는 것은

$$\frac{1}{\sqrt{n}}.$$

표본 설계

내용을 살펴보기 전에 먼저
표본의 크기만큼 그 질도 중요하다는 점을
짚고 넘어가자.
대표성이 있는 표본을 선택했는지
어떻게 확신할 수 있을까?

선정 과정이 아주 중요하다. 예를 들어
계획적으로 흑인을 제외해버린 투표자 조사는
가치가 없을 것이다. 이처럼 표본을
망치거나 왜곡하는 경우가 많다.

더 질질 끌 것도 없이 통계적으로 믿을 만한 결과를 얻는 방법은 표본을 **무작위**로 추출하는 것이다.

단순 무작위 추출

구성요소가 많은 집단 속에서 n 개의 요소를 추출한다고 하자. 모든 표본이 선택될 가능성이 서로 같도록 표본을 추출할 경우, 이를 단순 무작위 추출이라고 한다.

단순 무작위 추출은 다른 추출법에 비해 표준이라 할 만한 두 가지의 특성을 갖고 있다.

1 무편향: 각 구성요소는 선택될 가능성이 동일하다.

2 독립성: 한 구성요소의 선택이 다른 구성요소의 선택에 영향을 미치지 않는다.

실제로는 완전히 무편향적이고 독립적인 표본을 찾아보기는 어렵다. 일례로 무작위로 전화를 거는 투표자 조사도 편향되어 있다. 전화가 없는 사람도 있고 두 대 이상의 전화를 가진 사람도 있기 때문이다.

이론적으로는 모집단의 모든 구성요소의 목록인 표본틀을 만들어 무작위표본을 얻는 것이 가능하다. 난수표를 사용하면 무작위로 n개의 요소를 추출할 수 있다.

드럼통 속에 모든 이름표를 넣어 섞은 다음 n개를 뽑는 것도 같은 방법이다.

하지만 이것이 늘 쉽지만은 않다. 표본틀을 만드는 데 엄청난 비용이 들 수도 있고 아예 불가능할 수도 있다. 예컨대 수질검사의 경우, 미국 내 모든 호수의 표본틀이 필요하고 또 결정해야 할 문제는…

단순 무작위 추출보다 효율적이고 비용이 적게 드는 다른 방법이 없을까? 있다! 모집단에 대해 뭔가 알고 있을 경우에는. 예를 들면…

층화

추출법: 모집단을 여러 개의 성질이 같은 그룹(층)으로 분류한 다음, 각 층에 대해 단순 무작위 추출법으로 표본을 선택한다.

예를 들어 모든 피클로 이루어진 모집단은 피클의 형태에 따라 여러 층으로 분류할 수 있고, 각 층 내에서는 크기가 별 차이가 없다.

집락추출법

모집단을 작은 집단으로 분류한 다음, 그 집단들을 대상으로 단순 무작위 추출하고 선택된 집단 내의 모든 구성요소를 관찰하는 방법이다. 무작위 추출된 개체들 사이의 교통비용이 높을 때, 이 방법이 비용절감에 효과적일 수 있다.

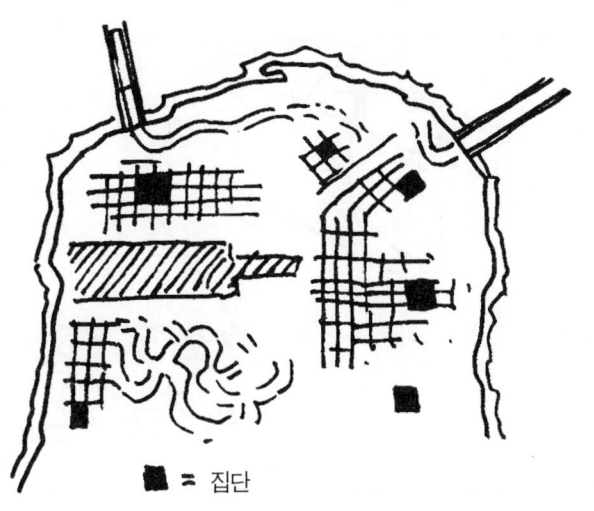

도시 가구조사의 경우, 도시를 여러 블록으로 나누고 무작위로 블록들을 선정한 다음, 선정된 블록 내의 모든 가구를 조사하는 것이다.

계통추출법

먼저 무작위로 하나의 개체를 선택한 다음, 그 이후부터는 k번째 개체를 계속 선택하는 방법이다. 고속도로 교통량조사의 경우, 요금소를 통과하는 100번째 차량마다 조사할 수 있다. 이는 시행하기가 쉽고 교통 흐름의 변화가 크지 않을 때 더욱 효과적이다.

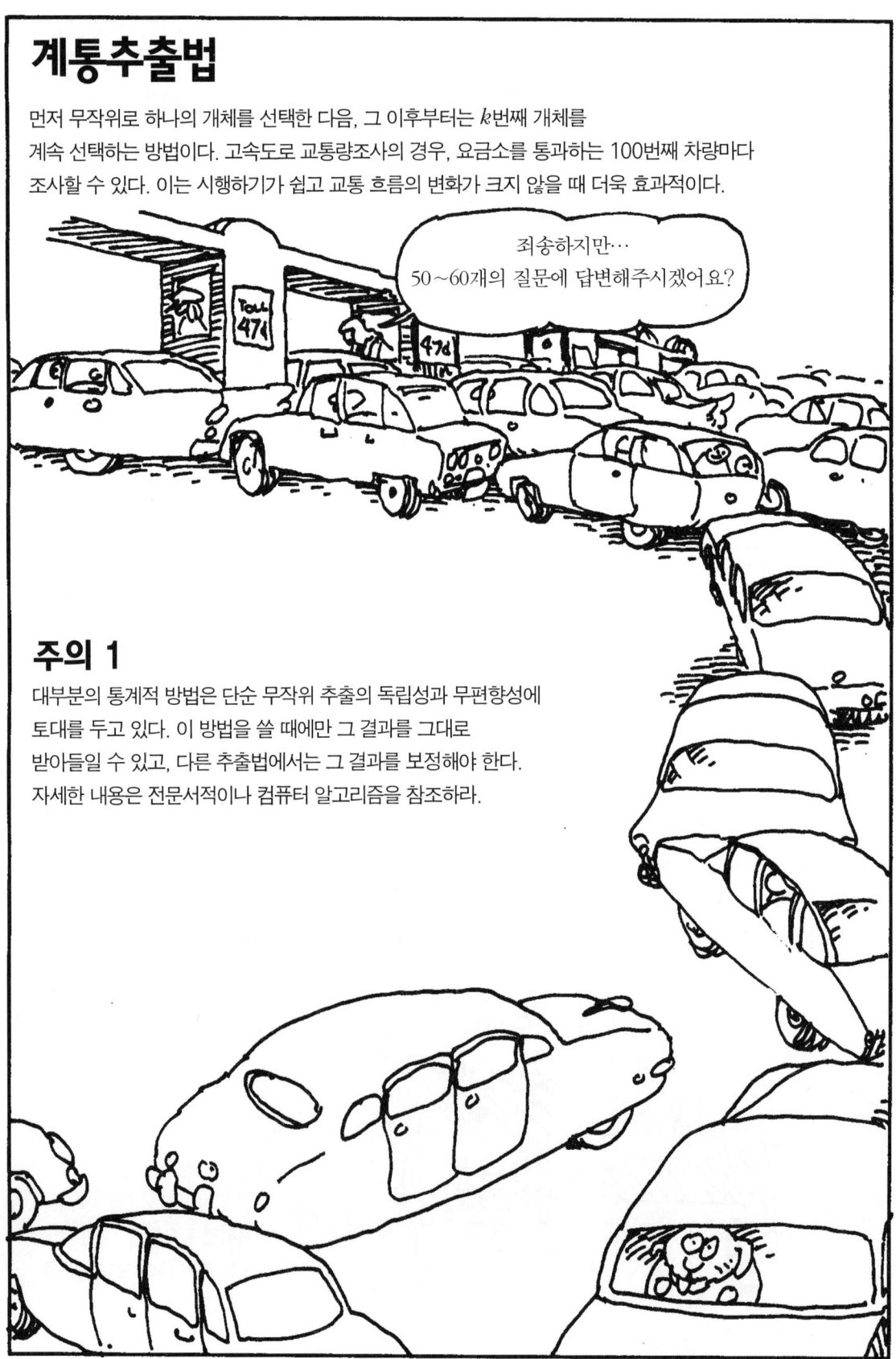

주의 1

대부분의 통계적 방법은 단순 무작위 추출의 독립성과 무편향성에 토대를 두고 있다. 이 방법을 쓸 때에만 그 결과를 그대로 받아들일 수 있고, 다른 추출법에서는 그 결과를 보정해야 한다. 자세한 내용은 전문서적이나 컴퓨터 알고리즘을 참조하라.

주의 2

무작위 추출이 아니면 아무리 보정하더라도 신뢰할 만한 통계적 분석은 불가능하다. 무작위 추출의 좋은 점은 조사의 정확성을 '통계적으로 보증'한다는 것이다.

흔히 사용되는 방법 중에 **기회표본추출**이라는 것이 있다. 표본추출 과정을 설계하기가 귀찮아서 모집단에서 맨 앞에 있는 n개의 개체를 그대로 뽑아버리는 것으로, 특히 편향이 심하다.

전형적인 예가 쉬어 하이트의 『여성과 사랑』이라는 책이다. 그녀는 10만 개의 설문지를 여성단체(기회표본)에 보냈고, 그 중 4.5%만 돌아왔다(응답편기). 그래서 그녀의 '결과'는 어떤 이유에서든 설문에 응하려는 강한 동기를 가진 여성들의 표본에만 근거를 둔 것이다.

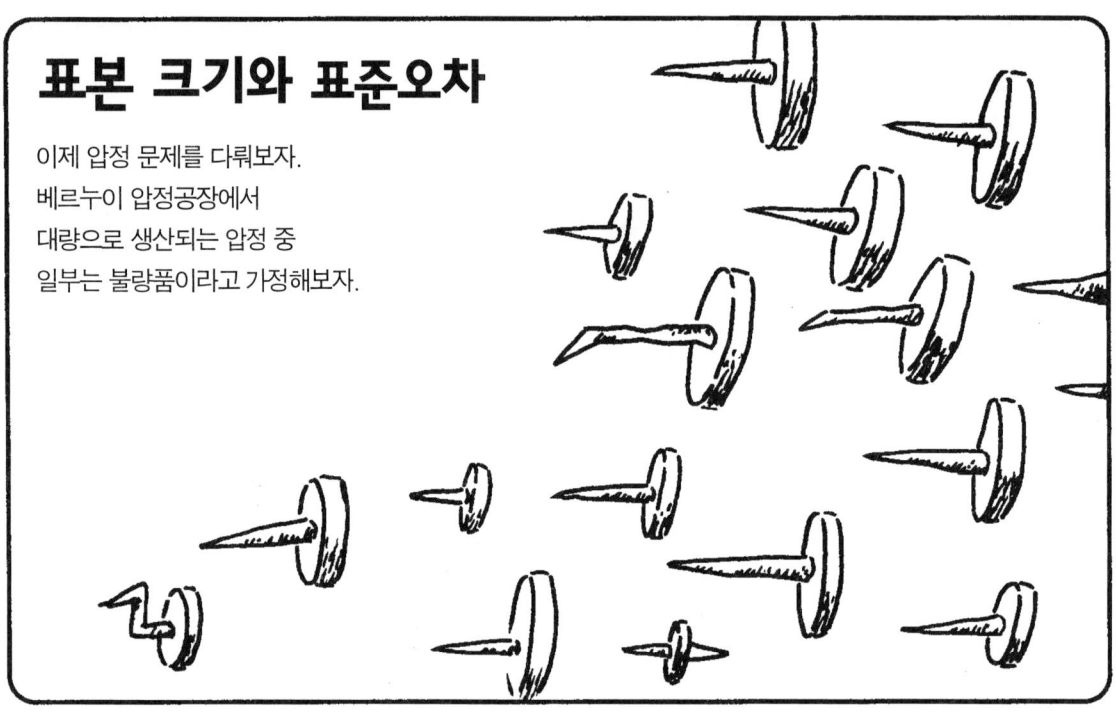

표본 크기와 표준오차

이제 압정 문제를 다뤄보자. 베르누이 압정공장에서 대량으로 생산되는 압정 중 일부는 불량품이라고 가정해보자.

여러분 중 눈치 빠른 사람은 이것이 베르누이 시스템인 것을 알아챘을 것이다. 새로 생산되는 압정은 성공(즉, 무결함)확률 p, 실패(즉, 결함)확률 $1-p$인 베르누이 시행의 결과다.

우리가 실제 세계에서 관찰하는 사건들 뒤에 확률 p로 조종하는 '베르누이 기계'가 숨어 있다고 생각하면 된다.

베르누이 기계는 보이지 않기 때문에 p가 얼마인지 알 수 없지만, 우린 알고 싶다. 그래서 무작위로 n개의 압정을 표본으로 뽑아서 그 중 무결함 압정 x개를 골라낸다.

흠… $n=400$이고 $x=352$인 것 같군.

표본에서 성공확률은 p에 가까운 값이므로 그것을 $\hat{p}$라 하고 'p-HAT'라고 읽는다.

$$\hat{p} = \frac{x}{n}$$

$\hat{p}$은 그 표본에서 성공 횟수 x를 표본 크기 n으로 나눈 것이다. 예를 들어 p가 .85이고 $n=1000$개의 압정을 표본으로 뽑았다면, 아마 우량품은 $x=832$개쯤 뽑혔을 것이고 $\hat{p}=.832$가 된다.

이 값은 어느 정도 좋은 근사치인가?

우웃! '좋은' 근사치가 뭐야?

이 질문에는 또 다른 질문으로 답한다. "질문의 뜻이 뭔가?"

p의 값을 모르기 때문에 $\hat{p}$와 p 사이의 정확한 차이도 알 수 없다. 진짜 질문은 다음과 같다. 1000개의 압정으로 된 표본을 많이 취해서 각 표본마다 $\hat{p}$의 값을 측정하면, $\hat{p}$의 값이 p를 중심으로 어떤 분포에 이를까?

사실, 이 $\hat{p}$의 값들은 점점 확률변수처럼 보일 것이다. n개의 압정으로 된 표본의 추출은 무작위 시행이고, 측정된 $\hat{p}$는 숫자적인 결과이다.

정확히 말하면, X가 그 표본에서 성공 횟수라면, X는 익히 알고 있는 이항확률변수(시행 n, 확률 p)와 같다. 그리고 아래의 측정 비율을 확률변수로 정의할 수 있다.

$$\hat{P} = \frac{X}{n}$$

X에 대해 다 알고 있기 때문에 $\hat{P}$에 대해서도 몇 가지 사실을 금새 알 수 있다.

1) $\hat{P}$의 평균은 $E[\hat{P}] = p$
2) $\hat{P}$의 표준편차는
$$\sigma(\hat{P}) = \frac{\sqrt{p(1-p)}}{\sqrt{n}}$$
3) n이 크면 $\hat{P}$는 근사적으로 정규분포를 따른다.

이제 여러분은 모든 것을 알았다! $\hat{P}$의 측정값들은 p를 중심으로 분포할 것이고(놀랄 일도 아니다), 표준편차 또는 분산은 이 장 맨 앞에서 말했던 마술의 수에 비례할 것이다.

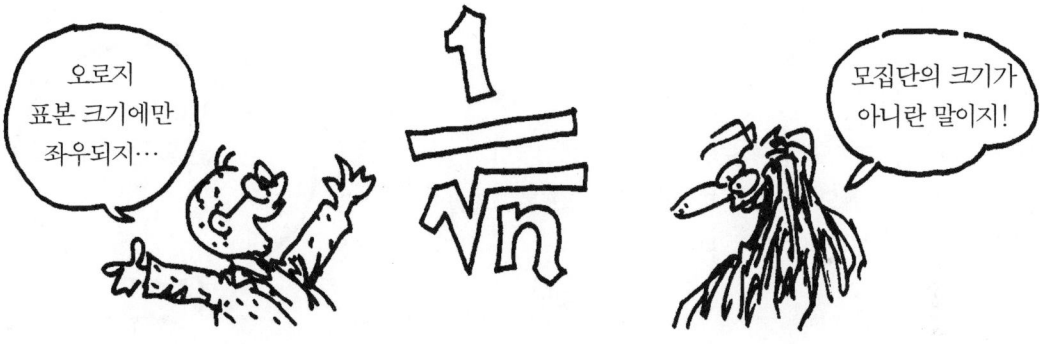

그리고 $\hat{P}$는 정규분포에 가깝기 때문에, 기본법칙에 따라 측정값의 약 68%가 정확한 값 p로부터 표준편차의 범위 내에 위치한다는 결론을 내릴 수 있다.

$n=1000$, $p=.85$인 압정문제로 되돌아가서, 표준편차는 아래와 같다.

$$\sigma(\hat{P}) = \sqrt{\frac{(.85)(.15)}{1000}}$$

$$= .0113$$

그래서 측정값의 약 68%가 아래 구간 내에 있다고 예상할 수 있다.

$$.8387 \leq \hat{p} \leq .8613$$

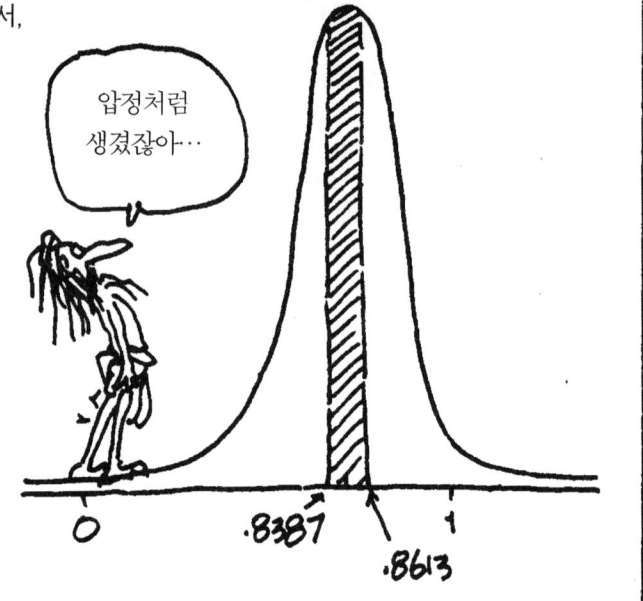

$\hat{P}$의 표준편차는 표본오차의 척도이다. 이미 알고 있듯이 이항분포 $\hat{P}$에서 표본오차는 $\sqrt{n}$에 반비례한다. 표본 크기를 네 배 증가시키면 분산 $\sigma(\hat{P})$는 두 배 감소한다.

압정 표본의 크기 $p = 0.85$

n	1	4	16	25	100	10,000
$\sqrt{n}$	1	2	4	5	10	100
$\sigma(\hat{p})$	.357	.1785	.089	.071	.0357	.0036

용어 주의: 추정치는 1개의 측정값이고, 추정량은 추정치를 얻는 공식이다. 이때 추정량은 $\hat{P} = \frac{X}{n}$ 확률변수이다.

지금까지 보았듯이 통계는 대부분 4단계로 진행된다.

미지의 매개변수로 모집단을 정의한다.

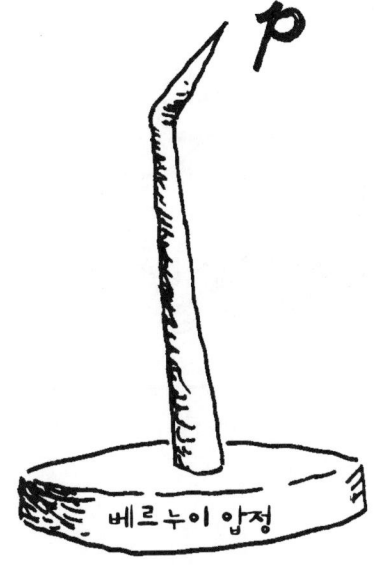

이론적인 표본분포와 표준편차에 대한 추정치를 구한다.

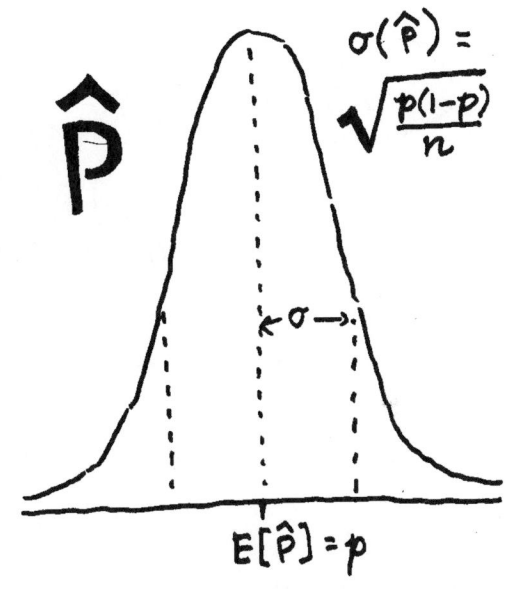

무작위로 표본을 추출해서 추정치를 찾는다.

그 결과와 표본오차를 보고한다.

평균의 표본분포

이제 압정에서 피클 문제로 눈을 돌려보자.

용기 제조업자들은 캘리포니아에 있는 모든 오이를 조사하지 않고 피클의 평균 길이를 알고 싶을 것이다. 그래서 그들은 n개의 피클을 무작위로 뽑아서 그 길이 $x_1, x_2, \cdots, x_n$을 잰다.

이제 여러분은 각 X_i가 무작위 시행의 숫자적 결과인 **확률변수**라는 개념에 익숙할 것이다.

μ를 피클의 평균 길이, σ를 피클 길이의 분포의 표준편차라고 하면, 모든 i에 대해

$$E[X_i] = \mu$$
$$\sigma(X_i) = \sigma$$

이제 선정된 피클들의 평균 길이인 표본평균을 살펴보자.
아래와 같은 새로운 확률변수가 주어진다.

확률변수 아닌 게 있어요?

$$\bar{X} = \frac{X_1 + X_2 + \cdots + X_n}{n}$$

앞에서처럼 우리는 이 값이 μ에 얼마나 가까운지 알고 싶다.
즉, 표본을 여러 번 추출한다면 $\bar{X}$는 어떤 분포일까? $X_1, X_2, \cdots,$ 그리고 X_n에 대해 아니까,
다음도 쉽게 알 수 있다.

$$E[\bar{X}] = \mu$$
$$\sigma(\bar{X}) = \sigma/\sqrt{n}$$

$\frac{X_n}{n}$의 분산을 더하면 $\bar{X}$의 분산이 되지.

다시 한 번 마술 분모가 나타났다!
측정한 표본평균의 산포도는 $\frac{1}{\sqrt{n}}$에 비례한다.

하지만 $\bar{X}$의 분포 형태는 모른다. 표본확률 p의 경우에는 이항확률변수였기 때문에 정규분포에 가까웠다. 그러나 표본평균의 추정량인 $\bar{X}$의 경우는 어떨까?

역시 근사적으로 정규분포를 따르는 것으로 밝혀졌다! 이것이 바로 유명한

중심극한정리 이다.

평균 μ, 표준편차 σ인 모집단에서 크기 n인 표본들을 무작위로 추출하면 n이 커질수록 $\bar{X}$는 평균 μ, 표준편차 $\sigma/\sqrt{n}$ 인 정규분포에 가까워진다는 것이다.

종 모양의 곡선을 울려라!

$$Pr(a \leq \bar{X} \leq b) \approx Pr\left(\frac{a-\mu}{\sigma/\sqrt{n}} \leq Z \leq \frac{b-\mu}{\sigma/\sqrt{n}}\right)$$

이 정리의 놀라운 점은? 본래의 분포 형태(이 경우는 피클 길이의 분포)와 상관없이, 평균들을 모으면 정규분포가 된다는 것이다. $\bar{X}$의 분포를 알려면 모집단의 평균과 표준편차만 알면 된다.

위의 확률밀도곡선은 셋 다 평균과 표준편차가 같다. 세 곡선의 모양이 서로 다른데도 $n=10$일 때 평균 $\bar{X}$의 표본분포는 거의 같다.

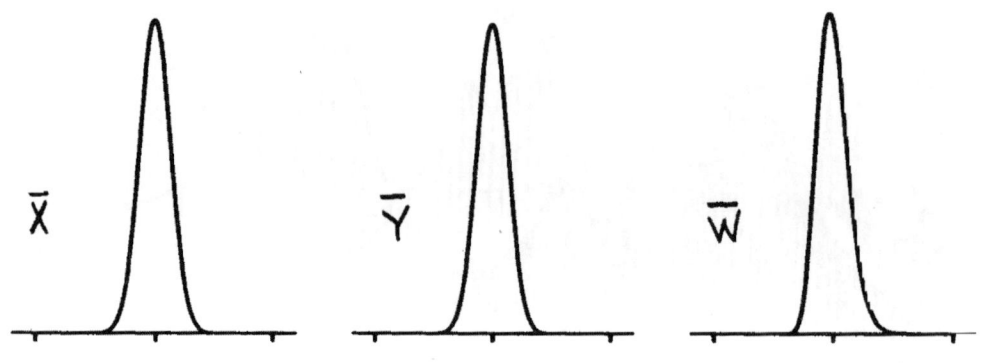

t-분포

중심극한정리가 놀랍긴 하지만 최소한 두 가지 문제점이 있다.

첫째: 표본의 크기가 커야 한다.

둘째: 이를 이용하려면 표준편차 σ를 알아야 한다.

하지만 표본은 작을 때가 더 많고 σ도 통상 알려져 있지 않을 때가 많다. 피클 역시 그 길이가 평균치를 중심으로 얼마나 넓게 퍼져 있는지 전혀 알 수가 없다.

이 경우 우리가 할 수 있는 일은 표본의 표준편차를 통해 σ를 추정해보는 것이다. 표본의 표준편차는 다음 식과 같음을 기억하는가?

$$s = \frac{1}{n-1} \sum_{i=1}^{n}(x_i - \bar{x})^2$$

자, 다음 확률변수에서

$$z = \frac{\bar{X} - \mu}{\sigma/\sqrt{n}}$$

σ 대신 s를 바꿔넣어 새로운 확률변수 t를 정의하자.

$$t = \frac{\bar{X} - \mu}{s/\sqrt{n}}$$

확률변수 t는 이런 상황에서 우리가 할 수 있는 최선의 방법이다. 이를 student의 t분포라고도 하는데, 이 개념을 발견한 윌리엄 고셋이 'student'라는 가명으로 발표했기 때문이다.

(고셋은 기네스 맥주회사의 일을 맡았는데, 무슨 이유에선지 그들은 가명을 쓰도록 요구했다.)

'student'는 모집단이 원래 정규분포 또는 정규분포에 가까운 분포였다는 가정하에 오른쪽과 같은 결론을 얻을 수 있었다.

t는 z보다 퍼져 있다. 정규곡선보다 평평하다. s를 사용하니까 불확실성이 커져서 t가 z보다 '더 느슨'해졌기 때문이다.

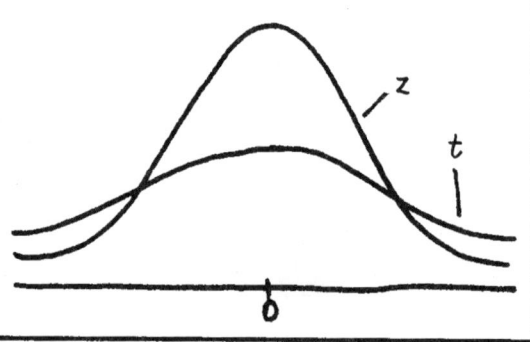

평평한 정도는 표본 크기에 좌우된다. 표본 크기가 클수록 s는 σ에 가까워지고, t도 정규분포인 z에 가까워진다.

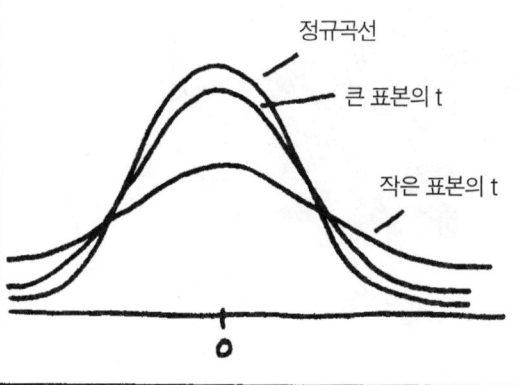

고셋은 표본 크기에 따라 t값을 계산하여 표로 만들었다. 다음 장에서 이 표의 사용법을 배우게 될 것이다.

이 장에서는 통계의 핵심문제인 큰 모집단에서 표본을 추출하는 방법을 생각해보았다.
단순 무작위 표본추출이라는 '금본위제' 이외에도 효율성, 비용, 실용성 측면에서 사용되는
몇 가지 표본추출법을 알아보았다.

그리고 단순 무작위 표본이라는 가정하에 표본의 여러 가지 통계량들이 어떤 분포를 이루는지 생각해보았다.
즉, 표본추출을 무작위 시행으로 생각해서 그 통계량들을 확률변수로 다루었다.

우리는 표본들의 비율 $\hat{p}$는 거의
정규분포인 반면, 표본평균 $\bar{X}$의
분포는 표본 크기에 좌우된다는
사실을 알았다. 큰 표본은 근사적으로
정규분포를 이루지만, 작은 표본은
스튜던트 t 분포를 사용했다.

* 물론 축배는 차로!

다음 두 장에서는 이 분포들을 이용해서 통계적 추론을 하는 방법을 알아본다. 정치적 여론조사처럼 하나의 조사자료를 가지고 $\hat{p}$와 $\bar{X}$에 대해 알고 있는 사실만으로 어떻게 그것을 평가할까?

7
신뢰구간

앞 장에서 우리는 표본추출에 대해 알아보았다. 큰 모집단에서 표본을 많이 추출한다는 가정을 하고, 표본의 추정량들이 어떤 분포가 되는지 추론하였다.

이 장에서는 역으로 해보려고 한다.
표본이 하나 주어졌을 때, 그런 통계량을 보이는 확률계는 어떤 것인가?

즉, 한 통의 압정과 앞 장에서와 같은 결과일 때 어떤 결론을 내릴 수 있을까?

말하자면 사고의 방향을 바꾸는 것이다.
연역에서 귀납으로.

연역 추론은 하나의 가설에서 결론을 추론해나가는 것이다.
"패스트백 경이 살인을 했다면, 그는 총의 지문을 지웠을 것이다."

이와는 반대로 귀납 추론은 관측한 사실에서 합리적인 가설을 찾아가는 것이다.

통계를 비롯해서 과학은 많은 점에서 추리와 비슷하다. 일단의 관측 사실에서 출발해 그런 현상이 나오게 된 시스템에 대해 의문을 던지는 것이다.

신뢰구간의 추정

가장 효과적인 통계적 추론 중 하나이며,
선거 직전에 매일 볼 수 있다.

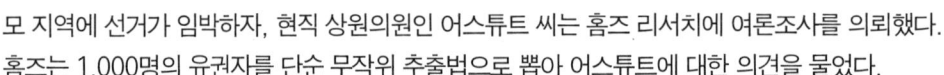

모 지역에 선거가 임박하자, 현직 상원의원인 어스튜트 씨는 홈즈 리서치에 여론조사를 의뢰했다. 홈즈는 1,000명의 유권자를 단순 무작위 추출법으로 뽑아 어스튜트에 대한 의견을 물었다.

홈즈는 심술궂은 몇몇 문외한들의 답변을 제외하면 550명의 유권자가 어스튜트 상원의원에게 호의적이라는 사실을 발견했다.

이것은 단 한 번의 조사이다.

어스튜트 씨를 진정시킨 후에 홈즈는 95% 신뢰도의 의미를 설명했다. 자신의 추정결과치가 p가 포함된 구간 내에 있을 확률이 95%라고. 즉, 여러번 여론조사를 하면, p가 측정치 $\hat{p}$를 중심으로 한 신뢰구간 내에 포함되는 횟수가 전체의 95%라고 말이다.

어스튜트 상원의원은 여전히 혼란스러워 했다. 그래서 홈즈는 양궁을 예로 들어 설명을 했다.

쐬봐! 골치 아픈 통계에서 벗어나게 해주는 거라면 뭐든 좋아!

한 궁수가 과녁에 화살을 쏜다고 하자. 그가 쏜 화살의 95%가 반지름이 10cm인 흑점을 맞춘다고 할 때, 20개의 화살 중에 단 1개만 벗어난다.

용감한 조사관이 과녁 뒤에 앉아 있는데, 그는 흑점을 볼 수가 없다. 궁수가 화살을 하나 쏜다.

조사관은 궁수의 실력을 알고 있기 때문에 화살을 중심으로 반지름 10cm의 원을 그린다. 그는 흑점의 중심이 이 원 안에 있다고 95% 확신한다!

그는 과녁에 꽂힌 화살마다 반지름 10cm인 원을 그리면, 이 중 95%의 원이 흑점의 중심을 포함하고 있을 것이라고 추론한다.

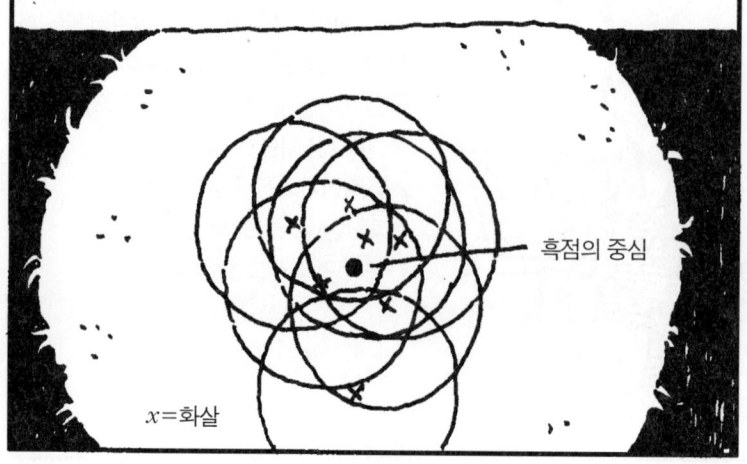

확률학자들은 무작위 모델을 확률적(stochastic) 이라고 하는데, 과녁을 겨냥한다는 뜻의 그리스어 stochazesthai 또는 과녁이라는 뜻의 stochos에서 유래된 것이다.

이제 홈즈는 양궁의 예를 앞 장에서 배운 통계용어로 바꿔서 설명한다.

1단계

많은 화살을 쏜다.
확률계산을 하여 '흑점'의 폭을 찾아낸다.
추정치 $\hat{p}$는 화살들이다. $\hat{p}$의 분포가 평균 p, 표준편차 σ인 정규분포에 가깝다는 것은 이미 알고 있다.

$$\sigma(\hat{p}) = \frac{\sqrt{p(1-p)}}{\sqrt{n}}$$

정규곡선이니까 z변환과 표준정규분포표를 이용해서 95%의 '화살들'이 꽂힌 구간의 폭을 찾는다 (곧 방법을 알게 된다). 이 폭은 표준편차의 1.96배임을 알 수 있다.

$$.95 = Pr(-1.96 \leq Z \leq 1.96)$$

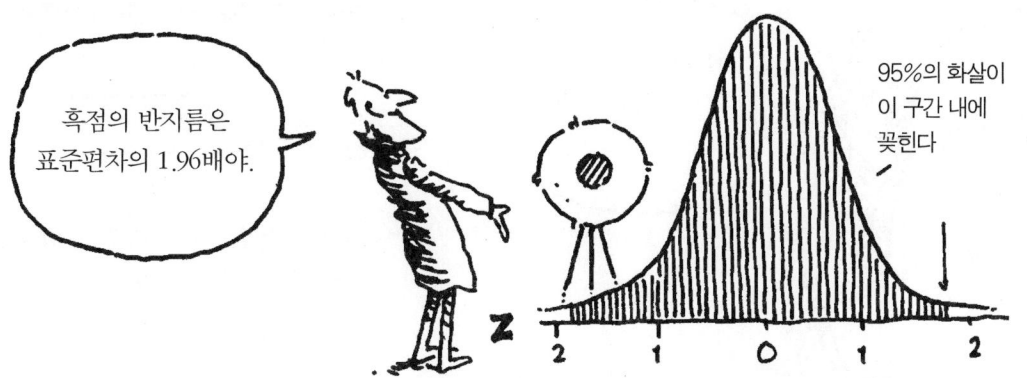

이제 산수를 이용해보면, z 변환의 정의에 따라

$$.95 \simeq \Pr\left(-1.96 \leq \frac{\hat{p}-p}{\sigma(p)} \leq 1.96\right)$$

다시 정리하면,

$$.95 \simeq \Pr(p-1.96\sigma(p) \leq \hat{p} \leq p+1.96\sigma(p))$$

이것은 $\hat{p}$ '화살들'의 95%가 $p-1.96\sigma(p)$와 $p+1.96\sigma(p)$ 사이에 꽂힌다는 말과 다르지 않다.

오, 간호사!

한번 더 산술적 뒤집기를 하면

$$.95 \simeq \Pr(\hat{p}-1.96\sigma(p) \leq p \leq \hat{p}+1.96\sigma(p))$$

이 식은 많은 화살들마다 주위에 원을 그리면(즉, $\hat{p}$주위에 구간을 만들면) 그 중 95%가 p를 포함한다는 뜻이다.

그런데 작은 문제가 하나 있다. p도 모르고 폭도 $\sigma(p)$의 배수이기 때문에, 사실상 흑점의 크기를 알 수가 없다.

원들은 모두 크기가 다르지만 문제없어, 사실은…

그래서 약간 피해서 $\hat{p}$의 표준오차를 쓴다.

$$SE(\hat{p}) = \frac{\sqrt{\hat{p}(1-\hat{p})}}{\sqrt{n}}$$

이것은 적절하고 아주 비슷한 값이며 우리가 할 수 있는 최선이다. 또한 이론적으로도 정당화될 수가 있다!

이제 식은 다음과 같다.

$$.95 \approx \Pr(\hat{p} - 1.96 \, SE(\hat{p}) \leq p \leq \hat{p} + 1.96 \, SE(\hat{p}))$$

이 식은 모집단의 정확한 비율 p가 아래의 확률구간 내에 있을 확률을 나타낸다.

$$(\hat{p} - 1.96 \, SE(\hat{p}), \, \hat{p} + 1.96 \, SE(\hat{p})).$$

표본을 여러번에 걸쳐 추출하면 그 중 95%는 이 구간 내에 p가 포함될 것이다.

이것으로 확률계산이 끝난다. 다음 단계는…

2단계

조사. 여론조사에서 홈즈는 1,000명의 유권자로 구성된 단 하나의 무작위 표본만 취해서 $\hat{p} = .550$을 찾아내 p를 추정하려고 한다.

그는 1단계의 식을 이용해서 아래와 같이 계산을 한다.

$$SE(\hat{p}) = \sqrt{\frac{(.55)(.45)}{1000}} = .0157$$

그리고 p가 아래의 범위 내에 있다고 95% 확신한다고 결론낸다.

$$\hat{p} \pm 1.96 \, SE(\hat{p})$$
$$= .550 \pm (1.96)(.0157)$$
$$= .550 \pm .031$$

이것이 여론조사 발표 때 언급하는 '오차의 한계'이다. 홈즈의 경우 다음과 같다.

$.519 \leq p \leq .581$

다시 말하면, $p = 55\%$이고 오차 한계는 3%가 된다(조사는 보통 95% 신뢰수준을 택한다).

다음 그림은 크기 $n=1000$인 20개의 표본에 대한 컴퓨터 시뮬레이션 결과이다. p의 실제 값은 .5로 가정한다. 위쪽 그림은 표본의 분포(평균 p, $\sigma = \sqrt{\dfrac{p(1-p)}{n}}$ 인 정규분포)이고, 아래 그림은 각 표본의 95% 신뢰구간을 나타낸 것이다.

평균 20개 중 하나꼴(5%)로 표본의 신뢰구간이 $p=.5$를 포함하지 못한다.

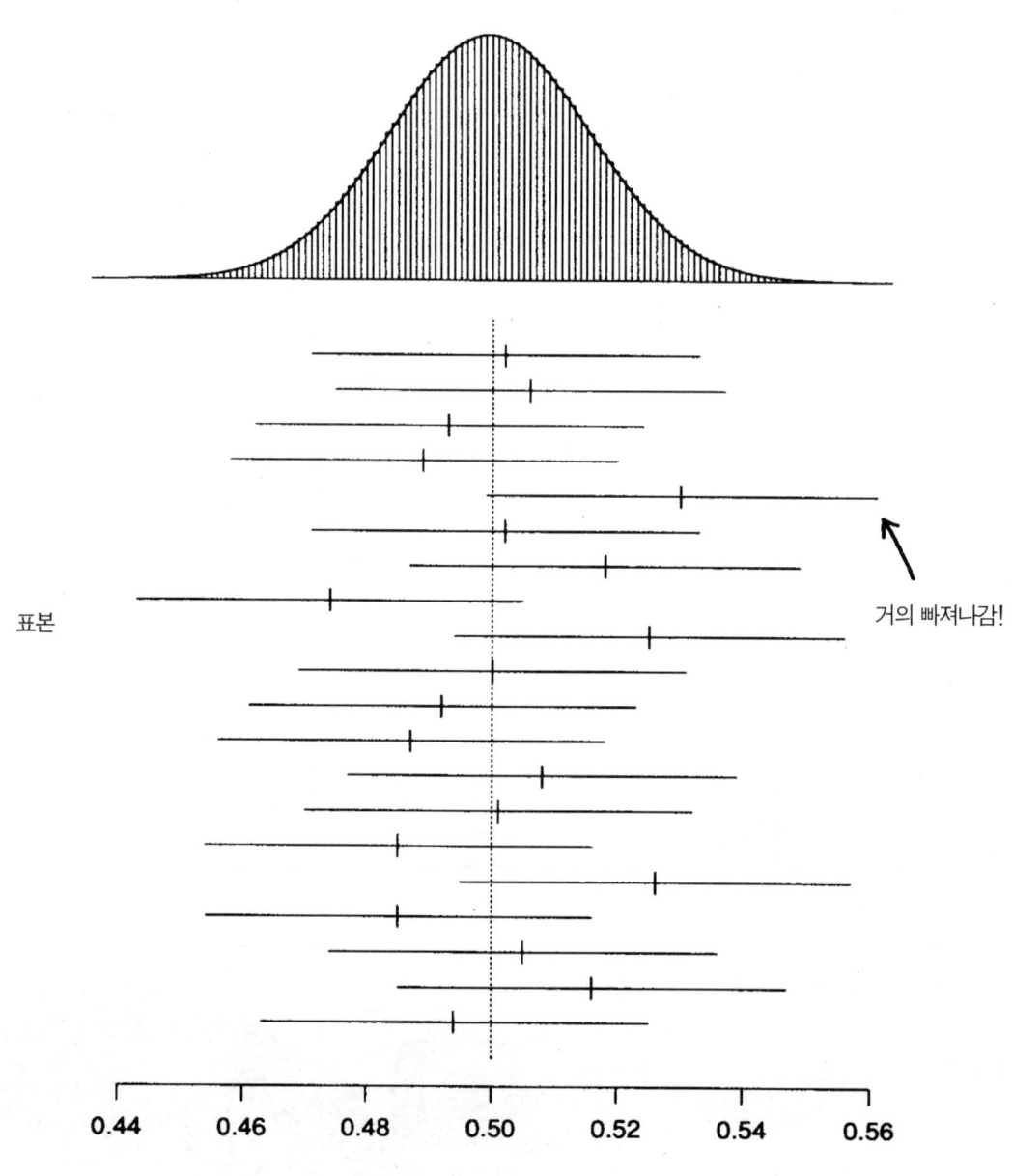

p의 95% 신뢰구간들

신문의 여론조사로는 신뢰도가 95%로 충분하지만, 어스튜트 상원의원에게는 만족스럽지가 않다. 그는 99%를 원한다!

신뢰도를 높이는 방법은 뭘까? 과녁을 생각해보면 두 가지 방법을 알 수 있다. 하나는 원을 더 크게 그리는 것이고

또 하나는 궁수의 실력을 향상시켜 화살을 흑점에 보다 가까이 명중시키는 것이다.

첫번째 방법은 신뢰구간을 넓힌다. 오차의 한계가 클수록 그 범위 내에 p의 참값이 포함될 가능성이 높다.

이제 신뢰구간의 끝점들을 어떻게 찾는지 알아보자.

이와 관련해서는 통상 α라는 수를 쓴다. 이것은 요구되는 신뢰수준과 100% 사이의 차이를 말한다. 예를 들어 신뢰수준이 95%, 즉 0.95일 경우 α는 .05가 된다. 그래서 (1−α)·100% 신뢰수준이라고 말하기도 한다

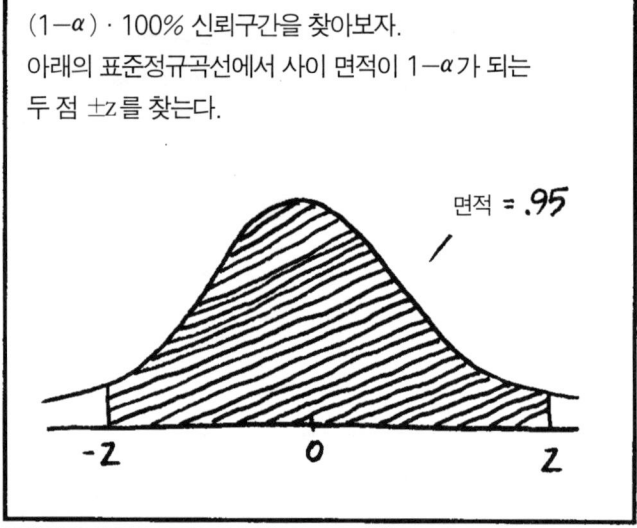

(1−α)·100% 신뢰구간을 찾아보자. 아래의 표준정규곡선에서 사이 면적이 1−α가 되는 두 점 ±z를 찾는다.

면적 = .95

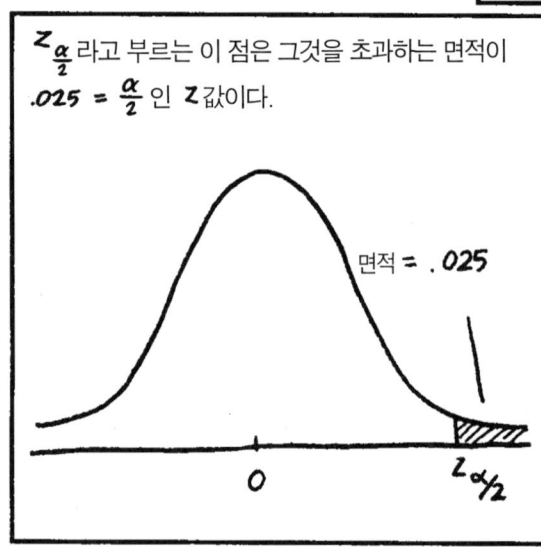

$z_{\frac{\alpha}{2}}$라고 부르는 이 점은 그것을 초과하는 면적이 $.025 = \frac{\alpha}{2}$인 z값이다.

면적 = .025

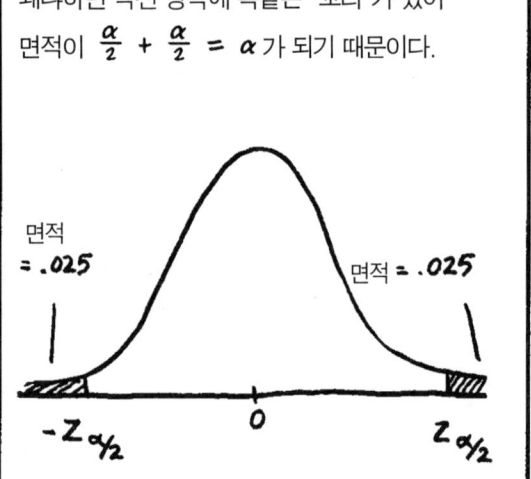

왜냐하면 곡선 양쪽에 똑같은 '꼬리'가 있어 면적이 $\frac{\alpha}{2} + \frac{\alpha}{2} = \alpha$가 되기 때문이다.

면적 = .025 면적 = .025

$z_{\alpha/2}$는 표준정규분포표에서 바로 찾을 수 있다. 아래 식을 이용하면 된다.

$$Pr(z \geq z_{\alpha/2}) = \frac{\alpha}{2}$$

여기서는

$$Pr(z \geq z_{.025}) = .025$$

z	-2.5	-2.4	-2.3	-2.2	-2.1
F(z)	0.006	0.008	0.011	0.014	0.018
z	-2.0	-1.9	-1.8	-1.7	-1.6
F(z)	0.023	0.029	0.036	0.045	0.055
z	-1.5				
F(z)	0.067				

−$z_{.025}$는 여기 사이에 있어!

99% 신뢰구간은 위의 표를 이용해서 다음과 같이 쓸 수 있다.

$$.99 = Pr(\hat{p} - 2.58 SE(\hat{p}) \leq p \leq \hat{p} + 2.58 SE(\hat{p}))$$

이 식을 줄여 쓰면, 아래와 같다.

$$p = \hat{p} \pm 2.58 \sqrt{\frac{\hat{p}(1-\hat{p})}{n}}$$

$$= .55 \pm 2.58 \sqrt{\frac{(.55)(.45)}{1000}}$$

$$= .55 \pm .041$$

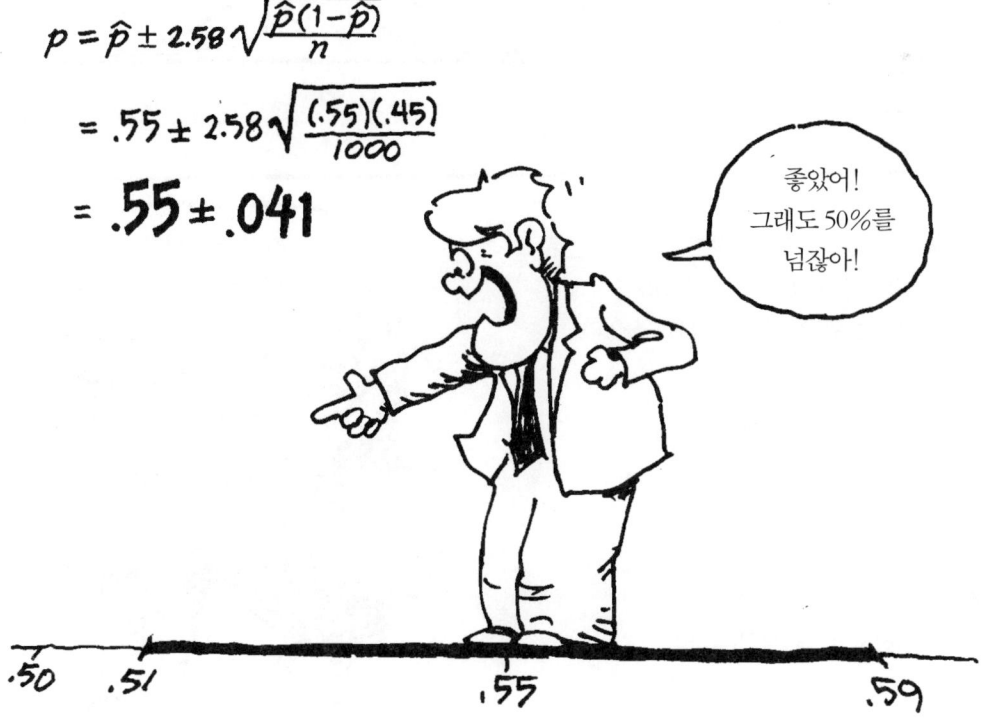

구간을 넓히는 것은 신뢰도를 높이는 한 방법이다. 앞에서 말했듯이 또 다른 방법은 화살을 보다 정확하게 쏘는 것이다. 궁수가 95%의 화살을 흑점 1cm 내에 맞힌다면, 우린 훨씬 예리하게 추정할 수 있을 것이다!

어떻게 하면 될까? 표본의 크기를 증가시키면 된다! 신뢰구간의 폭은 표본 크기에 달려 있다. 구간은 $\hat{p}$ ±E의 형태이고, E는 오차로서 아래와 같다.

$$E = z_{\frac{\alpha}{2}} \sqrt{\frac{\hat{p}(1-\hat{p})}{n}}$$

그래서 n이 커질수록 오차는 작아진다.
(예로, n을 네 배 하면 구간의 폭은 반으로 준다.)

$\hat{p}$의 분포
— n이 큰 경우
— n이 작은 경우

어스튜트 씨는 홈즈에게 오차가 작고 신뢰도가 높은 조사결과, 즉 E=±0.01이고 신뢰도 99%를 요구하였다. 홈즈는 위의 식을 n에 대해 풀었다.

$$n = \frac{z_{\frac{\alpha}{2}}^2 \, p^*(1-p^*)}{E^2}$$

여기서 p^*는 p에 대한 추정치이다.
아직 표본을 취하지 않았음을 기억하라!

지갑을 여세요, 해답을 얻었어요!

홈즈는 p^*를 보수적으로 0.5로 추정해서 계산했다.

$$n = \frac{(2.58)^2(.5)^2}{(.01)^2}$$

$$= \frac{(6.65)(.25)}{.0001}$$

$$= 16,641$$

1,000명의 유권자는 3% 오차에 95%의 신뢰도였다. 1% 오차에 99%의 신뢰도를 얻으려면 16,641명의 유권자를 조사해야 한다.

그러면 누가 마음이 편해진 거지?

그들은 여론조사를 해서 99%의 확신을 갖고 선거에 뛰어들었다.

그러나 확률이란 선거 전에만 소용이 있을 뿐이다. 선거 후에는 100% 재선 아니면 100% 낙선이지! 그리고 이 모든 노력을 했음에도 어스튜트 상원의원은 낙선하고 말았다.

문제는 여론조사로 당락이 결정되지 않는다는 데 있다.

여론조사가 선거결과와 다른 데에는 몇 가지 문제가 있다.

조사자는 유권자가 투표하러 갈지, 투표 직전에 지지자를 바꿀지 그 마음속을 알 길이 없다. 표본을 크게 해도 이런 종류의 오차는 감소시킬 수가 없다.

이런 오차들은 클 수도 있기 때문에, 굳이 비용을 들여 아주 큰 표본을 추출하지는 않는다.

지난 다섯 번의 대통령선거에서 선거 때마다 여론조사를 한 대상자는 4,000명도 되지 않았다. 하지만 다섯 번의 조사 모두 선거결과를 예측한 오차는 2%보다 적었다.

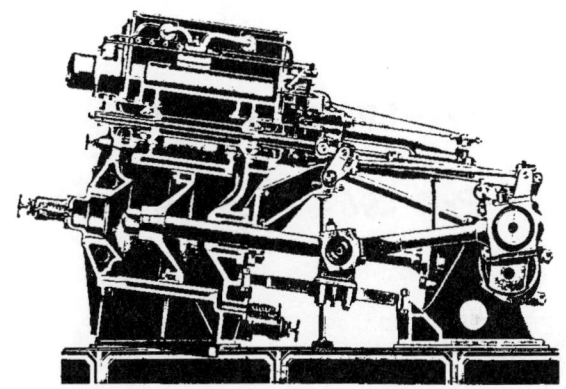

이 성공은 무응답을 고려하여 보정하고, 투표할 것 같지 않은 유권자들을 제외한 덕분이었다.

요약하면, 추정 비율 = 실제 비율 + 편향 + 표본추출오차다. 여론조사자들도 비용에 한계가 있다. 그들은 표본을 4,000명 이상으로 늘리기보다는 편향성을 줄이는 데 비용을 쓰는 현명한 선택을 하였다.

μ의 신뢰구간

지금까지는 모집단의 비율 p에 대한
신뢰구간을 살펴보았다.
이는 모집단의 평균 μ에 대해서도
똑같이 성립한다.

앞에서 표본평균 $\bar{X}$는 근사적으로 정규분포를 따르며, 이때 중심은 모집단의 평균 μ이고 표준편차는 σ라는 것을 배웠다. 여기서 $\sigma/\sqrt{n}$는 모집단의 표준편차이다. 따라서 n이 큰 경우,

$$.95 = Pr(-1.96 \leq Z \leq 1.96)$$
$$\approx Pr\left(-1.96 \leq \frac{\bar{X}-\mu}{\sigma/\sqrt{n}} \leq 1.96\right)$$

σ를 모르기 때문에 또다시 σ를 표본의
표준편차인 s로 바꿔넣는다.

$$.95 \approx Pr\left(-1.96 \leq \frac{\bar{X}-\mu}{s/\sqrt{n}} \leq 1.96\right)$$

$s/\sqrt{n}$은 표본표준오차라고 부르며, $SE(\bar{X})$로 표시한다. 결론적으로,

$$.95 \approx Pr(\bar{X} - 1.96\,SE(\bar{X}) \leq \mu \leq \bar{X} + 1.96\,SE(\bar{X}))$$

여기서

$$SE(\bar{X}) = \frac{s}{\sqrt{n}}$$

앞에서처럼 확률구간

$$\bar{X} \pm 1.96\,\text{SE}(\bar{X})$$

이 .95의 확률로 진짜 평균 μ를 포함한다.
이제 평균 $\bar{x}$, 크기 n인 하나의 표본에서 통계적 추론을 하기 위해 셜록 홈즈를 부르자.

그는 (우리도 마찬가지) 평균 μ가 구간 $\bar{x} \pm 1.96\,\text{SE}(\bar{X})$ 내에 있다고 95% 확신한다.

앞에서처럼, 어떤 신뢰수준 $1-\alpha$에 대해 1.96을 $z_{\frac{\alpha}{2}}$로 바꿔넣는다.

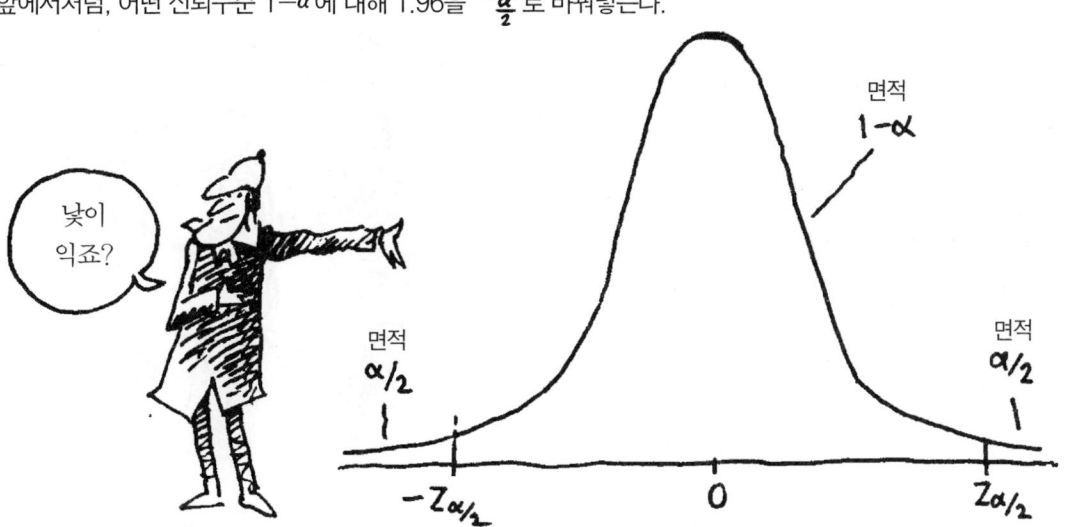

2장에서 살펴본 학생들의 몸무게 데이터를 다시 보자. 펜실베이니아 주 학생들의 무작위 표본이 $n=92$명이라고 하자.

표본평균 $\bar{x}$는 145.2, 표본의 표준편차 s는 23.7파운드다. 따라서 표준오차는

$$SE(\bar{x}) = \frac{23.7}{\sqrt{92}} = 2.47$$

이제 우리는 펜실베이니아 주의 모든 학생들의 평균 몸무게가 다음 구간 내에 있다고 95% 확신한다.

$$\bar{x} \pm 1.96 \, SE(\bar{x})$$
$$= 145.2 \pm (1.96)(2.47)$$
$$= 145.2 \pm 4.8 \text{ POUNDS}$$

요약하면, 큰 단순 무작위 표본에 대하여 $(1-\alpha) \cdot 100\%$ 신뢰구간은 아래와 같다.

모집단의 평균 μ

$$\mu = \bar{x} \pm z_{\frac{\alpha}{2}} SE(\bar{x})$$

여기서 $SE(\bar{x}) = s/\sqrt{n}$

모집단의 비율 p

$$p = \hat{p} \pm z_{\frac{\alpha}{2}} SE(\hat{p})$$

여기서 $SE(\hat{p}) = \sqrt{\frac{\hat{p}(1-\hat{p})}{n}}$

두 구간의 크기는 신뢰수준 $(1-\alpha) \cdot 100\%$와 표본 크기 n에 좌우된다.

스튜던트 t(다시 한 번!)

6장에서 보았듯이,

$$\frac{\bar{X} - \mu}{SE(\bar{X})}$$

통계량은 큰 표본일 때에만 근사적으로 정규분포를 따른다. 작은 표본($n=5, 10, 25\cdots$)일 때는 스튜던트 t를 사용해야 한다.

또다시 나구먼!

t를 좀더 자세히 들여다보자. t분포는 정규분포보다 평평하고, 그 정도는 표본의 크기에 좌우된다고 앞에서 말했었다.

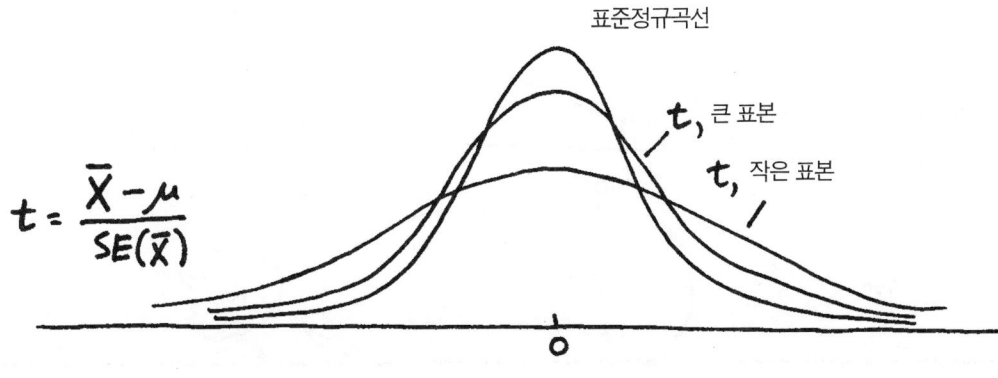

$$t = \frac{\bar{X} - \mu}{SE(\bar{X})}$$

표준정규곡선

t, 큰 표본
t, 작은 표본

고셋은 이 관계를 계량화했다. n이 표본 크기일 경우, 그는 $n-1$을

표본의 자유도라고 부른다.

일반 개념에서 n개의 자료 $x_1, x_2, x_3 \cdots x_n$이 주어질 때 $\bar{x}$를 계산하면 $n-1$개의 정보를 남겨놓고 1개의 '자유도'를 써버린 거야.

$x_1, x_2, x_3 \cdots x_n$

$\sum \frac{x_i}{n}$

고셋은 표본 크기, 즉 자유도에 따른
t분포표를 계산했다. 다시 말해
자유도가 많을수록 t는 표준정규분포에
가까워진다.

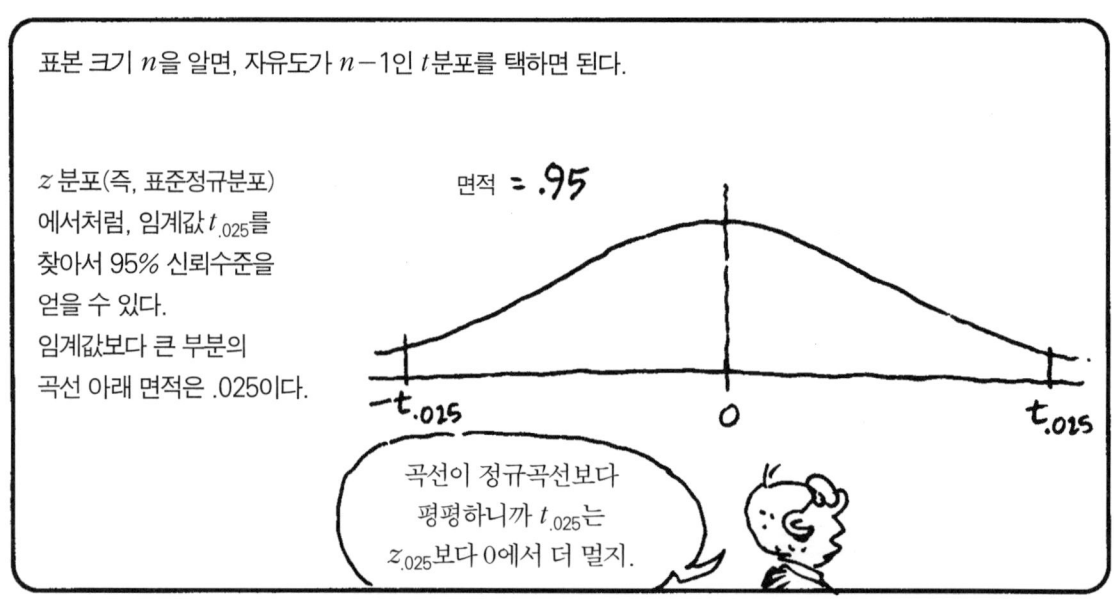

$(1-\alpha)\cdot 100\%$ 신뢰구간에 대해서는 $Pr(t \geq t_{\frac{\alpha}{2}}) = \frac{\alpha}{2}$ 가 되는 $t_{\frac{\alpha}{2}}$를 찾으면 된다.
아래 표는 t분포의 일부 임계점들이다.

	$1-\alpha$	.80	.90	.95	.99
	α	.20	.10	.05	.01
	$\alpha/2$	.10	.05	.025	.005
자유도	1	3.09	6.31	12.71	63.66
	10	1.37	1.81	2.23	4.14
	30	1.31	1.70	2.04	2.75
	100	1.29	1.66	1.98	2.63
	∞	1.28	1.65	1.96	2.58

각 칸은 동일한 신뢰수준에서 자유도에 따른 값을 나타낸다.
자유도가 높을수록 임계값은 정규분포의 임계값 $z_{\frac{\alpha}{2}}$에 가깝다.

신뢰구간의 폭은 아래 t의 정의에서
바로 유도할 수 있다.

$$t = \frac{\bar{X}-\mu}{SE(\bar{X})}$$

이 식은 z를 t로 바꿨을 뿐 큰 표본의 경우와 똑같아!

그래서, $(1-\alpha) \cdot 100\%$의 신뢰수준에 대해서,

$$(1-\alpha) = Pr(\bar{x} - t_{\frac{\alpha}{2}} SE(\bar{X}) \leq \mu \leq \bar{x} + t_{\frac{\alpha}{2}} SE(\bar{X}))$$

여기서 우리는 크기 n,
평균 $\bar{x}$인 표본 1개가 주어졌을 때,
모집단의 평균 μ가 범위

$$\mu = \bar{x} \pm t_{\frac{\alpha}{2}} SE(\bar{x})$$

내에 있다고 $(1-\alpha) \cdot 100\%$ 확신할 수 있다.
여기서 $SE(\bar{x}) = s/\sqrt{n}$이고, $t_{\frac{\alpha}{2}}$는 자유도 $n-1$인
t분포의 임계값이다.

당신은 이걸 기억하게 될 거요…

아직 깨어 있지?

주의
엄밀히 말해서 t분포는 정규분포인
모집단에서 표본이 추출됐다는 가정을
근거로 한다. 실제로는 모집단의
분포곡선이 흙더미 모양에 가깝기만 해도,
t분포의 신뢰구간이 잘 들어맞는다.

예를 들어 카멜레온 자동차회사에서 시속 10마일에서 정면충돌을 했을 경우, 평균 수리비용을 알아보기 위해 충돌실험을 해야 한다고 하자. 이 실험은 비용이 너무 많이 든다! 그래서 그들은 딱 5대만 실험해보기로 결정했다.

피해액은 각각 150달러, 400달러, 720달러, 500달러, 930달러였다.

(표본 평균)

$$\bar{x} = \$540$$

(표준편차)

$$s = \$299$$

계산기로 s를 계산해보면 식은 아래와 같다.

$$\sqrt{\frac{1}{4}\left((150-540)^2 + (400-540)^2 + (720-540)^2 + (500-540)^2 + (930-540)^2\right)}$$

95%의 신뢰도로 평균이 포함되는 범위는? 표에서 자유도 4인 경우의 임계값 $t_{.025}$를 찾을 수 있다.

	$1-\alpha$	.80	.90	.95	.99
	α	.20	.10	.05	.01
	$\alpha/2$	.10	.05	.025	.005
자유도	1	3.09	6.31	12.71	63.66
	2	1.89	2.92	4.30	9.92
	3	1.64	2.35	3.18	5.84
	4	1.53	2.13	2.78	4.60
	5	1.48	2.01	2.57	4.03

그 값을 대입하면

$$\mu = \bar{x} \pm 2.78 \, s/\sqrt{n}$$
$$= 540 \pm 2.78 (299/\sqrt{5})$$
$$= 540 \pm 372$$

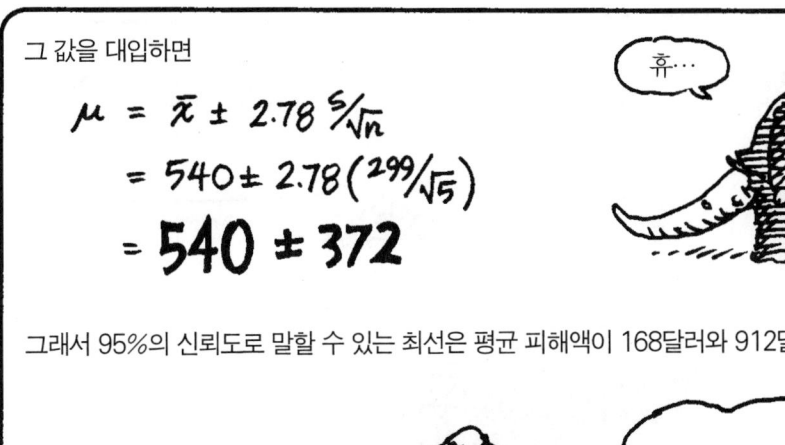

그래서 95%의 신뢰도로 말할 수 있는 최선은 평균 피해액이 168달러와 912달러 사이다.

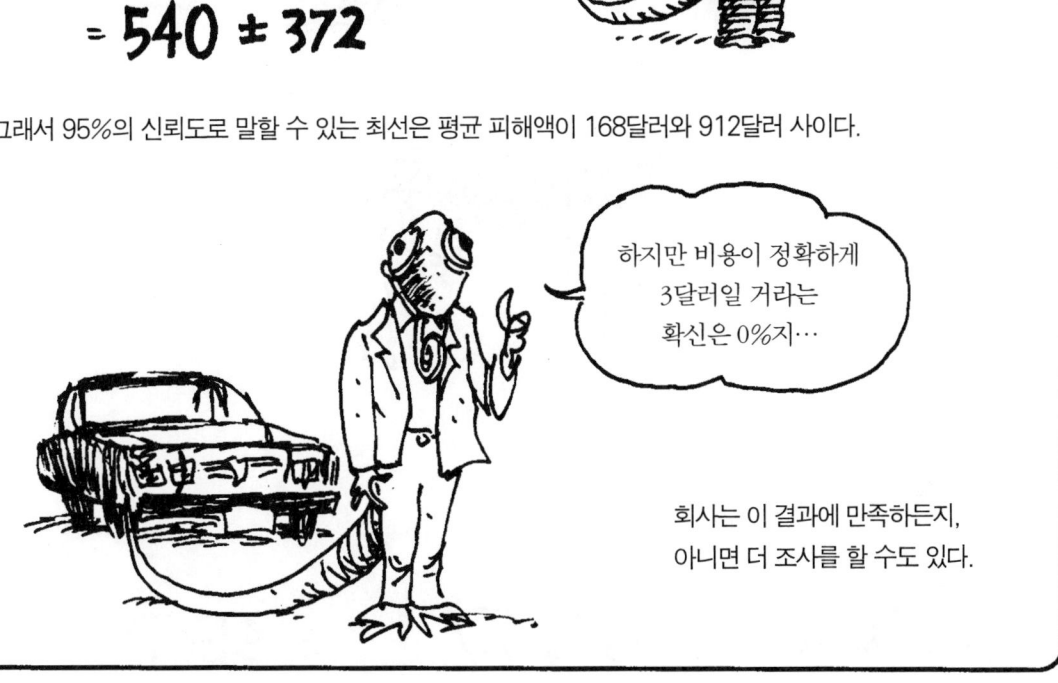

스튜던트 t를 사용해서 신뢰구간을 계산하기 위해 한 가지 가정을 했다. 바로 수리비용이 근사적으로 정규분포를 따른다는 것이다. 즉, 1000대의 카멜레온을 충돌시키면, 수리비용을 나타낸 히스토그램이 좌우 대칭의 흙더미 모양이 된다. 5대의 충돌자료로는 이 사실을 알 수가 없다. 하지만 수년 동안 이전 모델의 차종에 대해 조사해온 경험으로 차 앞부분의 수리비용이 정규분포임을 아는 것이다. 이 정보 덕분에 스튜던트 t를 사용할 수 있다.

이제 우리는 신뢰구간을 찾는 세 가지의 간단한 방법을 알았다. 비율이나 큰 표본의 평균일 때에는 정규분포표에서 $z_{\frac{\alpha}{2}}$를 찾으면 된다.
작은 표본($n \leq 30$)의 평균은 t분포표에서 $t_{\frac{\alpha}{2}}$를 찾는다.

t 테이블에 앉아서 z 분포표를 읽으며…

어느 경우나 구간의 폭은 임계값에 표준오차를 곱한 값이다.

$$z_{\frac{\alpha}{2}} SE(\hat{p}) \qquad z_{\frac{\alpha}{2}} SE(\bar{X}) \qquad t_{\frac{\alpha}{2}} SE(\bar{X})$$

그리고 각 표준오차는 아래에 있는 마법의 수에 비례한다.

$$\frac{1}{\sqrt{n}}$$

8
가설검증

이제 새로운 분야로 들어가보자. 정부, 사업, 자연과학과 사회과학 모두 유의성 검증을 이용하지만, 종종 남용할 때도 있다. 이 검증은 "이 현상이 정말 우연히 일어났을까요?"라는 질문에 대한 답을 구할 때 유용하게 쓰인다.

이론적으로는 배심원 명부는 자격이 있는 시민들 중에서 무작위로 선정된다. 하지만 50~60년대 남부 주에서는 배심원 명부에 흑인이 거의 없었다. 그래서 일부 피고들이 배심원들의 평결에 이의를 제기했고, 항소심에서 한 통계 전문가가 참고인으로 나와 아래와 같이 증언했다.

1 자격이 있는 시민들 중 50%가 흑인이었다.

2 배심원 명부에 등재된 80명 중 흑인은 4명뿐이었다.

이것이 순전히 우연한 결과라고 할 수 있을까?

논의를 위해 배심원 명부의 선정이 무작위였다고 가정해보자. 그러면 80명으로 구성된 배심원 명부상의 흑인 수는 $n=80$, $p=.5$인 이항확률변수 X가 된다.

p=1/2인 베르누이 시행 80회!

따라서 4명의 흑인만 배심원 대상자로 선정될 확률은 $Pr(X \leq 4)$로서 0.000000000000000000014가 된다.

이 수가 작습니까, 큽니까?

이는 연역적 확률 논의이다.

이 확률은 너무 작기 때문에, 4명의 흑인만 등재된 배심원 명부는 무작위 선정이라는 가설이 잘못됐다는 강력한 반증이기도 하다.

묻습니다! 무작위입니까?

통계학자는 이 확률이 포커게임에서 로열 플러시가 세 번 연속 나올 확률보다도 작다고 말했다.

그래서 판사는 무작위로 뽑았다는 가설을 기각했다.

내가 그 포커판에 있었다면, 두번째 로열 플러시가 나왔을 때 이미 괴성을 질렀을 거야.

(그리고 자기가 한 말을 기록하지 말라고 지시했다!)

자, 이제 통계적인 가설검증의 4단계 과정을 따라가보자.

1단계. 모든 가설을 세운다.

H₀, 귀무가설 또는 영가설.
관측된 사실이
순전히 우연의 결과라는 가설이다.

앞에 소개한 소송에서, 배심원이 전체 모집단에서
무작위로 선정된 것이 H_0이고,
흑인이 선정될 확률은 $p = .50$이다.

Hₐ, 대립가설.
어떤 요소가 우연과 결합되어
나타난 것이 관측된 사실이라는
가설이다.

H_a는 흑인들이 배심원으로 선정될 확률은
자격이 있는 사람 중 흑인 구성비보다
적다는 것이다. $p < .50$

2단계. 검증통계량.

영가설에 반대되는 증거를 평가할 통계량을
정한다.

그리고 검증통계량은 $p = .50$, $n = 80$인
이항확률변수 X이다.

3단계. p값.

영가설이 사실이라면, 최소한 관측치만큼 극단적인 검증통계량이 관측될 확률은 얼마인가? 라는 질문에 대한 대답이다.

4단계. p값과 정해진 유의수준 α를 비교한다.

α는 어떤 결과가 통계적으로 의미 있다고 판단하는 기준점이다. 즉,

$$P값 \leq \alpha$$

이면, 영가설 H_0를 기각하고 다른 뭔가가 있다고 생각하는 것이다.

앞의 예에서처럼, P값은

$$Pr(X \leq 4 \mid p = .50 \text{ AND } n = 80)$$
$$= 1.4 \times 10^{-18}$$

이 P값은 통계 소프트웨어를 사용해서 계산했다.

배심원 관련 소송에서 통계학자는 α를 로열 플러시가 세 번 연달아 나올 확률인 3.6×10^{-18}로 취했다.

과학연구에서는 α로 .05나 .01이 자주 사용된다. 이는 컴퓨터가 없던 시절, 몇 개의 임계값에 대한 계산치만 표로 만들었던 시절의 유산이다. 지금도 많은 과학저널들이 여전히 P값≤.05를 사용한 경우에만 결과를 공표한다.

법적 소송에서는 이보다는 더 다양한 기준이 적용된다.

큰 표본
비율에 대한 유의성 검증

배심원 예는 특별한 경우다. 영가설이 $p=p_0$ 형태이고
p_0는 어떤 확률로서 이 경우 .5였다.
이제 일반적인 문제를 살펴보자. 가설 $p=p_0$를 검증해보자.

보통 모집단이 아주 커서 큰 표본을 취해 측정을 하고, 확률 $\hat{p}$에 나타나는 특징들을 찾아낸다고 하자.

이 관측치를 토대로 우리는 모집단의 실제 확률이 어떤 값 p_0보다 큰지 알고 싶어 한다.
예를 들어 어스튜트 상원의원은 $\hat{p}$가 .55인 걸 발견하고 $p > .5$인지 알고 싶어 했다.

1단계. 영가설은

$$H_0 : p = p_0$$

대립가설은 우리가 찾는 결과에 따라 다르다. 어스튜트 상원의원의 경우,

$$H_a : p > p_0$$

하지만 다른 경우에서는 대립가설이 아래와 같을 수 있다.

$$H_a : p < p_0$$

또는

$$H_a : p \neq p_0$$

예를 들어 배심원 문제의 경우 대립가설은

$$H_a : p < 0.5$$

p가 어떤 값 p_0와 다른지 관심이 있는 경우도 있다. 예컨대 동전의 불량 여부를 가리는 경우, 대립가설은

$$H_a : p \neq 0.5$$

말하자면, 동전 앞면과 뒷면 중 어느 쪽이 많이 나온다는 확실한 의견이 없다는 뜻이다.

2단계. 검증통계량은

$$z_{OBS} = \frac{\hat{p} - p_0}{\sqrt{p_0(1-p_0)}/\sqrt{n}}$$

이것은 p가 p_0에서 벗어난 정도를 측정하는 것이다.
영가설에서 z_{OBS}는 표준정규분포를 갖는다.

3단계. p값은 대립가설에 따라 다르다.

a '오른쪽' $H_a : p > p_0$ 는 p값을
$Pr(Z > z_{OBS})$ 로 쓴다.

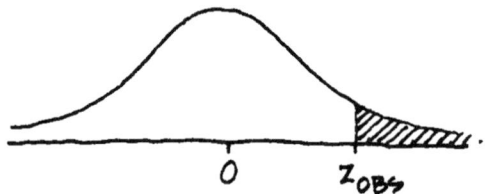

b '왼쪽' $H_a : p < p_0$ 는 p값을
$Pr(Z < z_{OBS})$ 로 쓴다.

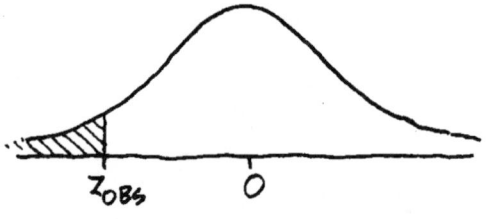

c '양측' $H_a : p \neq p_0$ 는 p값을
$Pr(|Z| > |z_{OBS}|)$ 로 쓴다.

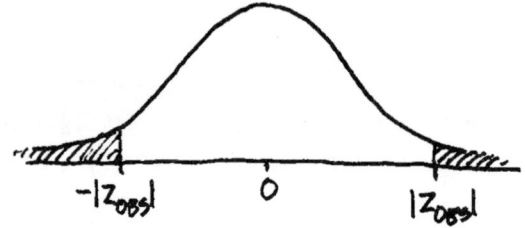

어스튜트 상원의원의 경우

1 가설은

$$H_0 : p = .5$$
$$H_a : p > .5$$

2 검증통계량은

$$z_{OBS} = \frac{.55 - .50}{\sqrt{(.5)(.5)}/\sqrt{1000}} = 3.16$$

3 p값은

$$Pr(z > z_{OBS}) = Pr(z \geq 3.16) = .0008$$

4 상당히 보수적인 어스튜트는 유의수준을 .01로 택하고 살펴보니

$$Pr(z > z_{OBS}) = .0008 < \alpha$$

그래서 상원의원은 영가설을 기각하고, 자신이(그의 후원자들도 마찬가지) 선두에 있다는 확신을 느끼게 된다.

이제 기부하셔도 됩니다.

그래서? / 그래서 H_0를 기각하는 거죠!

큰 표본 모평균에 대한 검증

산업분야의 중요한 표본검사에서 유의성 검증이 어떻게 사용되는지 살펴보자.

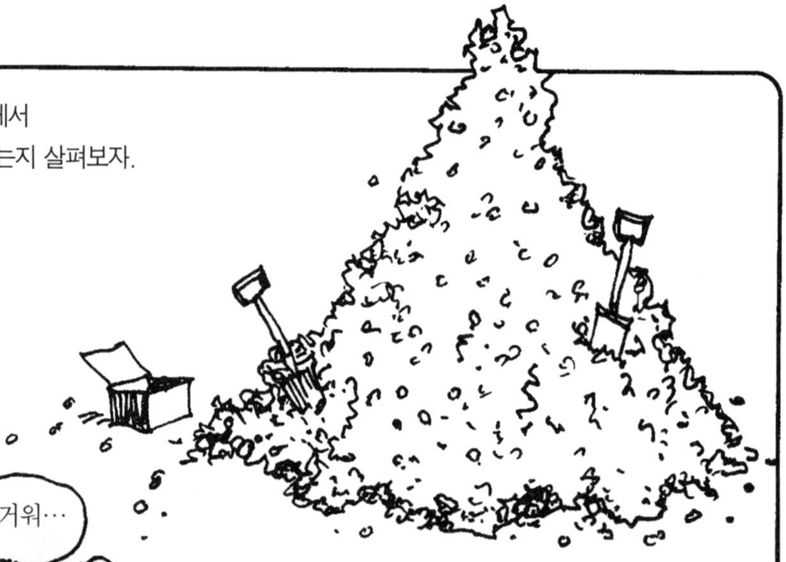

가벼운 것 같아…

무거워…

그라놀라 식품회사는 자신들이 생산한 시리얼 상자의 평균 무게가 최소한 16온스라고 주장하고, 제누인 식료품 판매회사는 평균 무게가 그보다 조금이라도 작으면 반품하겠다고 한다.

물론 제누인회사는 선적 물량 모두를 조사할 생각은 없다. 그들은 통계를 이용하려고 한다!

통계가 쉬운 방법이지, 기억하나?

먼저, 그들은 가설을 선택한다.

$H_0: \mu = 16\ OZ.$

$H_a: \mu < 16\ OZ.$

영가설을 기각한다는 것은
그라놀라회사를 거부한다는 뜻이다.

다음으로 그들은 검증통계량을 선택한다. 이제 평균에서 구한 표본의 편차가 아래 식과 같다는 것은 무릎의 자동반사처럼 자동적으로 알 것이다.

$$\frac{\overline{X} - \mu_0}{SE(\overline{X})} = \frac{\overline{X} - \mu_0}{s/\sqrt{n}}$$

여기서 s는 표본의 표준편차다. 영가설에서는 표본이 큰 경우 중심극한정리에 따라 표준정규분포로 근사된다.

그들은 잠시 3단계를 건너뛰고 먼저 유의수준을 정했다. 그들 중에 과학 전공자들이 많은 탓에 $\alpha = .05$가 괜찮다고 생각했다.

바로 그때 그라놀라 제품 1만 상자를 실은 차가 도착했다.

그들은 49상자를 무작위로 뽑아
무게를 달고 표본의 통계량을 구했다.

$$\bar{x} = 15.90 \text{ oz.}$$
$$s = .35 \text{ oz.}$$

약간 가볍다. 그런데 아주 심각한 수준인가?

그들은 이 값을 검증통계량에 넣었고, 그 결과는

$$z_{OBS} = \frac{15.9 - 16}{.35/\sqrt{49}} = -2$$

그리고 p값을 계산했다.

$$Pr(z < -2 \mid H_0) = .0227$$

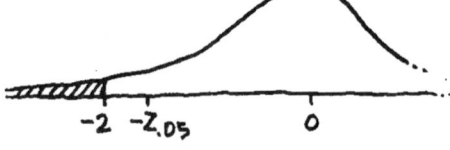

이것은 유의수준 .05보다 작다.
제누인회사는 영가설을 기각하고 제품을 돌려보냈다.

작은 표본 모평균에 대한 검증

카멜레온 자동차의 충돌실험 문제를 다시 생각해보자. 정직한 보험회사는 시속 10마일에서 충돌한 경우 수리비용이 1,000달러 이내여야 보험을 들어준다. 이 회사는 유의수준으로 $\alpha = .05$를 쓴다. 그래서

$H_0: \mu \geq \$1000$ 평균비용이 너무 높다
$H_a: \mu < \$1000$ 평균비용이 수용할 만한 수준이다

검증통계량은 아래의 t분포다.

$$t = \frac{\bar{X} - \mu_0}{SE(\bar{X})}$$

여기서 μ_0는 가상 평균치 1,000달러이다.

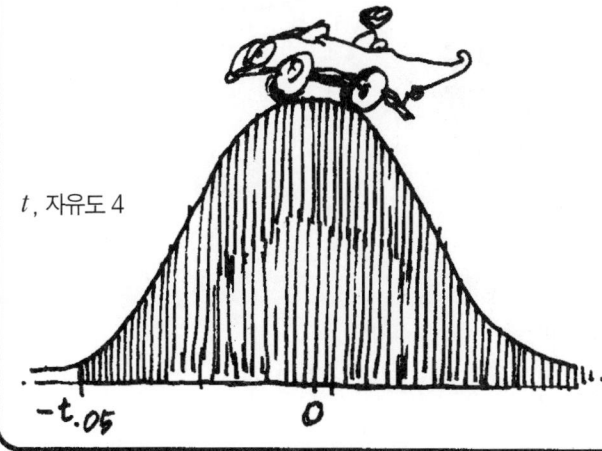

t, 자유도 4

그리고 우리는 측정한 t값이 왼쪽 $-t_{.05}$에 있기를 바란다(왜냐하면 $\bar{x}$는 낮을수록 좋기 때문에, H_a를 지지하려면 $\bar{x} - \mu_0$가 음수여야 한다).

	α		
	.05	.025	.005
1	6.31	12.71	63.66
2	2.92	4.30	9.92
3	2.35	3.18	5.84
4	2.13	2.78	4.60
5	2.01	2.57	4.03

왼쪽의 표에서 $t_{.05} = 2.13$이므로 아래와 같다면 H_0를 기각할 수 있다.

$$t_{OBS} \leq -t_{.05} = -2.13$$

8장에서 5대의 차로 구성된 작은 표본의 경우 $\bar{x} = 540$달러, $s = 299$달러였다. 그래서

$$t_{OBS} = \frac{540 - 1000}{299/\sqrt{5}}$$

$$= -3.44 < -t_{.05}$$

자동차는 검증을 통과했다. H_0는 기각되고 보험증권이 발행되었다.

이는 **표본 검수**의 한 예이다. 영가설은 차 수리비용이 높아 수용할 수 없고, 자동차가 규격을 충족한다는 증거를 제시하지 않는 한 자동차회사가 책임을 져야 한다.

결정이론

가설검증과 유의성 검증은 가정용 연기탐지기에 비유해볼 수 있다. 집에 연기탐지기가 있다. 토스트를 새까맣게 태울 때마다 탐지기가 울리는 걸 알고 있을 것이다.

화재가 없는데도 경보가 울리는 것을 제1종 오류라고 한다. 반대로 경보가 없는 화재는 제2종 오류라고 한다. 요리사들은 누구나 제1종 오류를 피하는 방법을 안다. 탐지기의 배터리를 빼놓기만 하면 된다. 그런데 불행히도 이 검증은 제2종 오류의 발생률을 증가시킨다.

마찬가지로 탐지기의 감도를 높여 제2종 오류의 가능성을 줄이면 오경보의 횟수가 늘어난다.

이것을 2×2 결정표로 요약하면,

	화재 없음	화재 발생
무경보	무오류	제2종 오류
경보	제1종 오류	무오류

이제 화재가 없는 상황을 영가설로, 화재가 난 경우를 대립가설로 생각하자. 경보는 영가설의 기각에 해당한다.

실제 상황

	H_0	H_a
H_0 채택	무오류	제2종 오류
H_0 기각	제1종 오류	무오류

이 장 앞에서 예를 든 유의성 검증은 모두 제1종 오류를 범할 확률, 즉 H_0가 옳을 경우 관측치가 발생할 확률을 강조했다. 우리가 요구한 기준은 아래와 같다.

$$Pr(H_0 \text{ 기각} | H_0) = Pr(\text{제1종 오류} | H_0) = \alpha$$

$1-\alpha$ 는 우리가 들은 경보가 진짜라고 믿는 신뢰도의 척도이다. 신뢰도가 높다는 것은 거의 오경보가 없다는 뜻이다.

그러나 제2종 오류를 범할 확률을 알아야 할 때가 가끔 있다! 바꿔 말하면, 대립가설이 옳을 때 '경보시스템'의 감도가 어느 정도인지 알고 싶다.

과거에 배수구로 화학물질을 방류하던 공장들은 하류의 야생동물들에게 아무런 해가 없다는 걸 입증해야 했다. 그것이 H_0이다. 유의수준 .05에서 영가설이 기각되지 않아야만 방류를 계속할 수 있었다.

그래서 환경청의 기준을 위반하고 있다고 생각하는 공장주인은 감지효과가 나쁜 환경감시 프로그램을 만들 것이다.

배터리가 없는 연기 경보기처럼, 공장주인의 검사로 경보가 울릴 가능성은 거의 없다.

이 개념을 공식화해보자.
제2종 오류의 확률을 기술하기 위해
또 다른 그리스문자 β가 필요하다.

$$\beta = Pr(H_0 \text{ 채택} | H_a)$$
$$= Pr(\text{제2종 오류} | H_a)$$

검사의 검증력은 아래와 같이
$1-\beta$로 정의된다.

$$Pr(H_0 \text{ 기각} | H_a).$$

다행히도 환경 규제 당국은 환경감시 프로그램을 통해
환경오염에 대한 탐지능력을 입증하도록 의무화하고 있다.
이처럼 검증력 분석을 요구하여 감시 프로그램의
숨은 결함을 찾아내는 경우가 종종 있다.

검증력의 효과를 시각적으로 보여주는 방법은, 시스템의 실제 상태에 따라 H_0를 기각하는 확률의 변화를 그래프로 그려 보는 것이다. 연기 경보의 경우, 연기가 많아질수록 확률은 1로 올라간다.

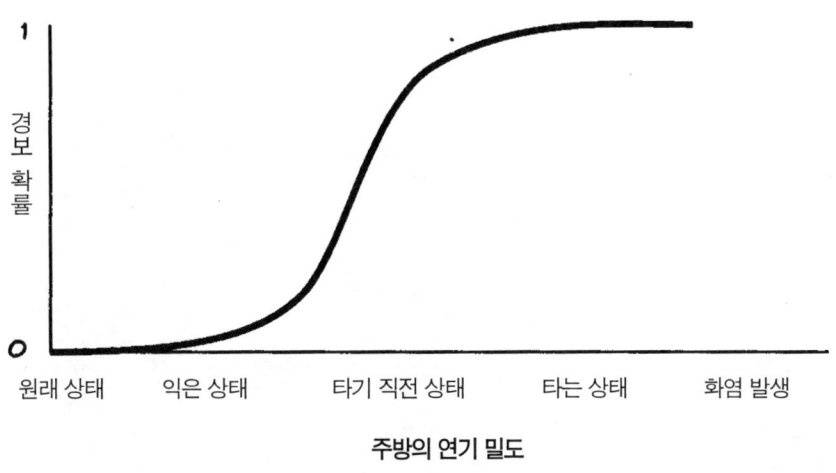

앞에서 살펴본 수질의 경우, 가로축은 물속의 오염물질의 실제 농도이다.

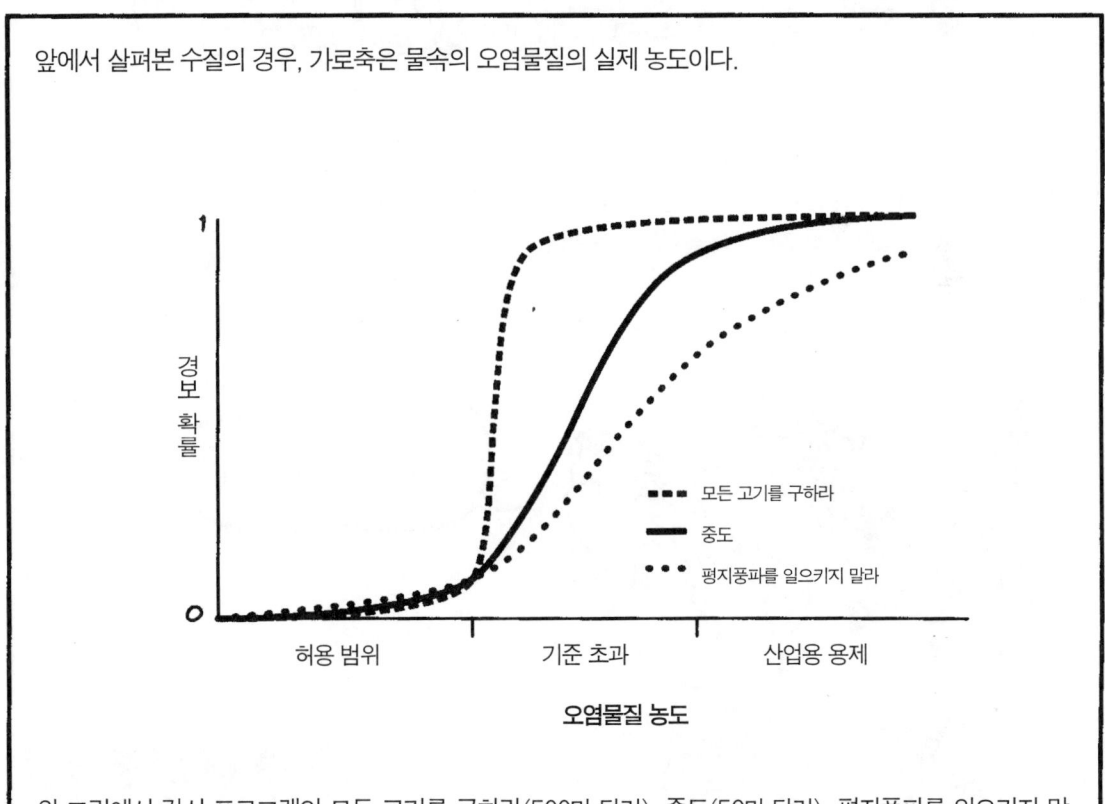

위 그림에서 감시 프로그램인 모든 고기를 구하라(500만 달러), 중도(50만 달러), 평지풍파를 일으키지 말라(50만 달러, 하지만 전시용!)의 그래프를 보면, 검증력이 높을수록 그래프의 기울기가 가파르다.

그런데 아직도 허전함을 느끼는 이유는 뭘까? 이 개념들을 실제로 이용하려면 아직 접해보지 못한 여러 상황에 이를 적용할 능력을 갖추어야 하기 때문이다. 다음 장에서 **두 모집단의 비교**에 대해 살펴보기로 한다.

9
두 모집단의 비교

여기서 우리는 전통 재료를 이용하는 새로운 요리법을 배울 것이다.

하지만 통계가 요리만큼 힘든 것은 다양성에 있다. 전문 요리사처럼 통계학자들도 문제를 이루고 있는 구성요소들의 '맛'을 보고, 그것을 근거로 통계적 요리법으로 엮어내는 가장 효과적인 방법을 찾아낸다.

요리책과 통계교재가 두꺼운 이유는 둘 다 다양한 상황에서 구할 수 있는 해답을 모두 담고 있기 때문이지!

이 장에서는 고기와 감자에 해당하는 방법을 몇 가지 새로운 요리법으로 다룰 겁니다. 이는 다음 질문들의 답을 구하는 데 도움이 될 거예요.

아스피린을 정기적으로 복용하면 심장 발작의 위험을 줄일 수 있을까?

특정 살충제를 사용하면 단위 면적당 옥수수 수확량이 증가할까?

같은 일에 종사하는 남녀의 급여는 왜 다를까?

이 질문들의 공통 요소는, 두 모집단에서 각각 **무작위 표본**을 뽑아 서로 비교해야 답을 얻을 수 있다는 것이다.

살충제 살포   무살충제

그리고 이 장 끝부분에서는 표본 추출 없이 두 평균을 비교하는 다른 방법을 살펴볼 것이다.

두 모집단의 성공률 (또는 실패율) 비교

하버드대학에서 아스피린이 심장발작을 줄이는 효과가 있는지 알아보는 실험을 했다. 임상실험이 그러하듯 어느 개인이 특정 연도에 병(여기서는 심장발작)에 걸릴 가능성은 매우 적다. 하지만 우리는 답을 빨리 찾고 싶다! 어떻게 해야 할까?

비용이 많이 들지만 간단한 방법은 짧은 시간에 많은 사람들을 대상으로 실험하는 것이다. 이 연구의 경우, 실험대상자로 22,071명(모두 자원한 의사들)을 선정해 무작위로 두 그룹으로 나눴다.

그룹 1은 아스피린과 똑같이 생겼지만 아스피린이 아닌 가짜약을 복용했다.

그룹 2는 하루에 한 알씩 아스피린을 복용했다.

연구자들은 거의 5년* 동안 조사대상자들의
심장발작 여부를 기록했고, 그 결과는
아래와 같다.(심장발작은 정도에
상관없이 계산한다.)

	발작	정상	n	발작률
가짜약	239	10,795	11,034	$\hat{p}_1 = \dfrac{239}{11,034} = .0217$
아스피린	139	10,898	11,037	$\hat{p}_2 = \dfrac{139}{11,037} = .0126$

성공률의 차이는 $\hat{p}_1 - \hat{p}_2 = .0091$이다.
아주 작은 차이 같지만
상대적인 위험도를 보면 그렇지 않다.

$$\frac{\hat{p}_1}{\hat{p}_2} = \frac{.0217}{.0126} = 1.72$$

가짜약을 먹은 그룹은 아스피린을
먹은 그룹보다 심장발작을 일으킬
가능성이 1.72배나 된다.

* 이 연구는 긍정적인 결과 때문에 빨리 끝났다. 가짜약을 먹은 그룹에게는 어리석게 이 연구 결과를 부인할 이유가 없었을 것이다.

모델: 두 그룹은 이항분포의 모집단에서 추출된 독립적인 표본이다. 일관성을 위해 심장발작을 성공(!)이라고 부르자.

가짜약
집단 1
성공률 = p_1

아스피린
집단 2
성공률 = p_2

목표는 차이 $p_1 - p_2$를 평가하는 것이다.

각 집단(실제로는 큰 표본)에 대한 확률변수는 어디서 많이 본 듯할 것이다.

X_1 집단 1의 성공 횟수

X_2 집단 2의 성공 횟수

$\hat{P}_1 = \dfrac{X_1}{n_1}$ 집단 1의 성공률

$\hat{P}_2 = \dfrac{X_2}{n_2}$ 집단 2의 성공률

그리고 비율 차이의 추정치는 $\hat{P}_1 - \hat{P}_2$이다.

이제 우리는 고장난 레코드판처럼 앞에서 그랬듯이 반복해서 $\hat{P}_1 - \hat{P}_2$의 분포가 어떤지 자문한다.

어떻지?
어떻지?
어떻지?

$\hat{P}_1 - \hat{P}_2$의 표본분포

큰 표본의 경우, 표본이 1개인 경우와 마찬가지로
$\hat{P}_1 - \hat{P}_2$는 근사적으로 정규분포를 따른다.
표준정규확률변수를 구하기 위해
z변환을 한다.

$$z = \frac{\hat{P}_1 - \hat{P}_2 - (p_1 - p_2)}{\sigma(\hat{P}_1 - \hat{P}_2)}$$

그런데 분모에 있는
표준편차는 어떻게 구하지?

두 표본은 서로 독립적이므로 확률변수 $\hat{P}_1$과 $\hat{P}_2$ 둘의 합도 서로 독립적이다.

$$\sigma^2(\hat{P}_1 - \hat{P}_2) = \sigma^2(\hat{P}_1) + \sigma^2(\hat{P}_2)$$

따라서

$$\sigma(\hat{P}_1 - \hat{P}_2) = \sqrt{\sigma^2(\hat{P}_1) + \sigma^2(\hat{P}_2)}$$

이제 검증통계량들을 알고 있으니
신뢰구간을 추정하고
아스피린이 심장발작을
줄인다는 가설을
검증할 수 있다.

$P_1 - P_2$의 신뢰구간

앞에서 보았듯이, 이때 신뢰구간은 다음과 같다.

$$p_1 - p_2 = \hat{p}_1 - \hat{p}_2 \pm z_{\frac{\alpha}{2}} SE(\hat{p}_1 - \hat{p}_2)$$

- 모비율의 실제 차이
- 측정된 차이
- 임계값
- 표준오차

$\hat{P}_1$과 $\hat{P}_2$의 분산을 합하면 표준오차는

$$SE(\hat{p}_1 - \hat{p}_2) = \sqrt{\frac{\hat{p}_1(1-\hat{p}_1)}{n_1} + \frac{\hat{p}_2(1-\hat{p}_2)}{n_2}}$$

아스피린 연구의 경우, 표준오차는

$$\sqrt{\frac{(.0217)(.9783)}{11,034} + \frac{(.0126)(.9874)}{11,037}} = .00175$$

아스피린 연구에 대해 95% 신뢰구간을 구하려면 측정치를 대입하면 된다.

$$p_1 - p_2 = .0091 \pm (1.96)(.00175)$$
$$= .0091 \pm .0034$$

'해석', 아래를 봐!

심장발작률의 차이가 .0057과 .0125 사이에 있다고 적어도 95% 확신한다. 분명히 의미 있는 숫자다! 아스피린이 심장발작률을 낮춘다고 적어도 95% 확신할 수 있다.

음… 내 밥에 아스피린을 넣으셨나요?

가설검증

가설검증을 위한 질문은 다음과 같다.

아스피린이 효과가 없다면, 이러한 결과가 나올 확률은 얼마나 될까?

H_0, 영가설은 아스피린이 효과가 없다.

즉, $p_1 = p_2$ 이다.

H_a, 대립가설은 아스피린이 심장발작률을 낮춘다.

즉, $p_1 > p_2$ 이다.

이제 H_0가 옳을 때 정규분포를 갖는 검증통계량이 필요하다.

H_0에서는 $p_1 = p_2$, 두 비율을 주목하라. 그리고 두 표본 모두의 심장발작률을 구하기 위해 모든 자료를 합치자.

$$\hat{p} = \frac{x_1 + x_2}{n_1 + n_2}$$

영가설이 옳을 경우, 표준오차는 이 합동 추정치에만 좌우된다.

$$SE_0(\hat{P}_1 - \hat{P}_2) = \sqrt{\hat{p}(1-\hat{p})\left(\frac{1}{n_1} + \frac{1}{n_2}\right)}$$

그리고 검증통계량은 아래와 같다.

$$Z = \frac{\hat{P}_1 - \hat{P}_2}{SE_0(\hat{P}_1 - \hat{P}_2)}$$

(분자는 $\hat{P}_1 - \hat{P}_2 - (p_1 - p_2)$가 되겠지만 $p_1 - p_2 = 0$이라서)

아스피린 연구의 경우,

$$\hat{p} = \frac{378}{22,071}$$

$$SE_0(\hat{P}_1 - \hat{P}_2) = .00175$$

그래서

$$Z_{OBS} = \frac{.0091}{.00175} = 5.20$$

z_{OBS}는 0에서 표준편차의 다섯 배보다 더 떨어져 있고, 이는 강한 효과가 있음을 보여준다. 컴퓨터나 표를 이용해서 p값을 찾으면 아래와 같다.

$$P\text{값} = PR(Z \geq z_{OBS}) = PR(Z \geq 5.2) = .0000001$$

영가설이 사실이라면, 이처럼 큰 효과를 관측할 확률은 천만분의 1이고, 이는 H_0에 대한 아주 강력한 반증이다!!!

일반적인 요리법

다음의 영가설을 검증하기 위해

$$H_0: p_1 = p_2$$

아래 검증통계량을 계산한다.

$$Z_{OBS} = \frac{\hat{p}_1 - \hat{p}_2}{SE_0(\hat{P})}$$

(여기서 SE_0는 두 그룹을 결합하여 구한 합동 확률로 계산한다.)

관련된 p값은 아래와 같이 대립가설에 따라 다르다.

A) 양쪽 $H_a : p_1 \neq p_2$

$$P\text{값} = Pr(|Z| > |z_{OBS}|)$$

B) 오른쪽 $H_a : p_1 > p_2$

$$P\text{값} = Pr(Z > z_{OBS})$$

C) 왼쪽 $H_a : p_1 < p_2$

$$P\text{값} = Pr(Z < z_{OBS})$$

아스피린 연구의 분석결과는 실험이 무작위성을 보장하고 편향성이 제거되도록 설계되었는지에 따라 다르다.

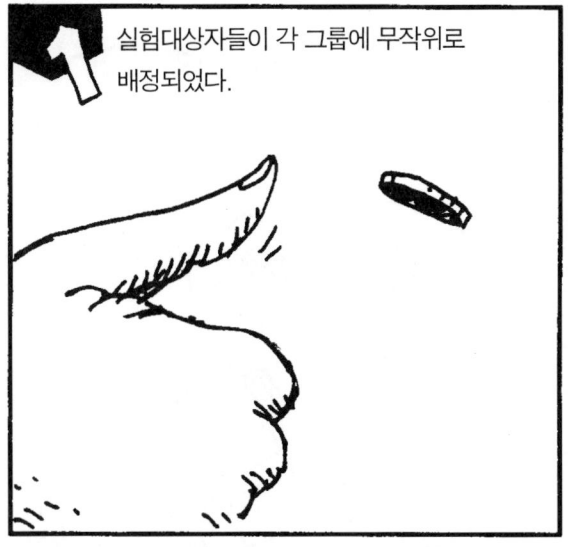

1번과 2번은 대부분 임상실험 설계에서 매우 중요하지만, 3번은 그렇지 않다. 작은 표본에 대한 좋은 검증법은 이미 소프트웨어 패키지로 나와 있다. 이 비모수적 과정은 4장에서 보았던 도박문제 계산처럼 단순하지만 긴 확률계산으로 되어 있다.

두 집단의 평균 비교

같은 회사에서 같은 일을 하는
남녀 직원의 평균 급여를
비교한다고 가정해보자.

모집단 1은 여자이고, 모집단 2는 남자이다.

모집단 1
평균 급여 μ_1
표준편차 σ_1

모집단 2
평균 급여 μ_2
표준편차 σ_2

집단 1에서 크기 n_1, 집단 2에서 크기 n_2인 표본을 뽑아 그 평균과 표준편차를 각각 $\bar{x}_1$와 $\bar{x}_2$, s_1과 s_2라 한다. $\mu_1 - \mu_2$의 추정치는

$$\bar{X}_1 - \bar{X}_2$$

$\bar{X}_1 - \bar{X}_2$는 어느 정도 좋은 추정치일까? 큰 표본의 경우, 근사적으로 정규분포이고(중심극한정리), 표준오차는

$$SE(\bar{X}_1 - \bar{X}_2) = \sqrt{\frac{s_1^2}{n_1} + \frac{s_2^2}{n_2}}$$

독립적인 표본이므로 분산을 합한다.
여기서 바로 신뢰구간으로 간다.

신뢰구간

큰 표본의 경우,
평균 차에 대한 $(1-\alpha) \cdot 100\%$
신뢰구간은 아래와 같다.

$$\mu_1 - \mu_2 = \bar{x}_1 - \bar{x}_2 \pm z_{\frac{\alpha}{2}} SE(\bar{X}_1 - \bar{X}_2)$$

가설검증

두 집단의 평균이 같다는 영가설을 평가한다.

$$H_0: \mu_1 = \mu_2$$

검증통계량은

$$Z_{OBS} = \frac{\bar{X}_1 - \bar{X}_2}{SE(\bar{X}_1 - \bar{X}_2)}$$

P값은 통상적인 방법으로 구한다.

작은 표본의 평균 비교는 어떻게 할까?

카멜레온 자동차를 기억하는가? 경쟁사인 이구아나 자동차는 이 차의 후드의 스티로폼 장식이 충돌 때 피해를 줄여준다는 주장을 입증하기 위해 7대의 이구아나를 충돌시켰다!

그 결과를 카멜레온 자동차와 비교하면 아래와 같다.

카멜레온	
1	$150
2	$400
3	$720
4	$500
5	$930
n_1	5
$\bar{x}_1$	$540
s_1	$299

이구아나	
1	$50
2	$200
3	$150
4	$400
5	$750
6	$400
7	$150
n_2	7
$\bar{x}_2$	$300
s_2	$238

두 집단 모두 흙더미 모양이고 같은 표준편차 $\sigma=\sigma_1=\sigma_2$를 가지면 t분포를 사용할 수 있다. σ라는 하나의 추정치는 두 집단을 합쳐서 제곱의 합을 구하면 된다.

표준오차는 s_1과 s_2를 S_{POOL}로 바꾸는 것 이외에는 큰 표본의 경우와 같다.

$$SE(\bar{X}_1-\bar{X}_2) = \sqrt{\frac{S_{POOL}^2}{n_1} + \frac{S_{POOL}^2}{n_2}}$$

$$= S_{POOL}\sqrt{\frac{1}{n_1}+\frac{1}{n_2}}$$

$(1-\alpha)\cdot 100\%$ 신뢰구간은

$$\mu_1-\mu_2 = \bar{x}_1-\bar{x}_2 \pm t_{\frac{\alpha}{2}} SE(\bar{X}_1-\bar{X}_2)$$

여기서 $t_{\frac{\alpha}{2}}$는 n_1+n_2-2의 자유도를 갖는 t의 임계값이다.

$$S_{POOL}^2 = \frac{(n_1-1)s_1^2 + (n_2-1)s_2^2}{n_1+n_2-2}$$

두 자동차 제조업자들은 서로의 표준편차가 비슷하고, 수리비를 나타낸 히스토그램이 흙더미 모양이라는 데 동의했다. 그리고 계산을 했다.

$$S_{POOL} = \sqrt{\frac{4\cdot 299^2 + 6\cdot 328^2}{10}} = 264$$

$$SE(\bar{X}_1-\bar{X}_2) = 264\sqrt{\frac{1}{5}+\frac{1}{7}} = 154$$

95% 신뢰구간은

$$\mu_1-\mu_2 = 540-300 \pm t_{.025}(154)$$
$$= 240 \pm (2.23)(154)$$
$$= 240 \pm 340$$

이 구간에는 0이 포함되어 있어서 이구아나 자동차의 수리비가 더 적게 든다는것을 보여주지 못한다.

OK. 안전성은 잊어버려. 하지만 모양이 더 아름다운 것에 대해선 말 못하겠지.

그는 차 100대를 무작위로 50대씩 나눠서 서로 다른 휘발유를 넣고 하루 운행한 후 측정을 했다.

	표본 크기	평균 연비	표준 오차
A	50	25	5.00
B	50	26	4.00

표본간의 차이는

$$\bar{x}_1 - \bar{x}_2 = 25 - 26 = -1$$

B휘발유가 정말로 A휘발유보다 나을까?

표준편차가 커서 표준오차는 무시할 수 없다.

$$SE(\bar{X}_1 - \bar{X}_2) = \sqrt{\frac{s_1^2}{n_1} + \frac{s_2^2}{n_2}}$$
$$= \sqrt{\frac{25}{50} + \frac{16}{50}}$$
$$= .905$$

95% 신뢰수준에서

$$\mu_1 - \mu_2 = \bar{x}_1 - \bar{x}_2 \pm z_{.025}(.905)$$
$$= -1 \pm (1.96)(.905)$$
$$= -1 \pm 1.774$$

이 구간에는 μ_1이 μ_2가 되는 0이 포함되어 있다.

대립가설 $H_a: \mu_1 \neq \mu_2$ 에 대한 P값은

$$H_a: \mu_1 \neq \mu_2,$$
$$Pr(|z| \geq |z_{OBS}|) = Pr\left(|z| \geq \frac{1}{.905}\right)$$
$$= Pr(|z| \geq 1.1) = 2(.1357)$$
$$= .2714$$

빗금 부분 총면적 = .2714

이것은 $\alpha = .05$의 유의수준을 넘어선다. 그래서 어느 휘발유가 좋다는 결론을 내리기가 어렵다.

상대비교법
휘발유 비교보다 나은 방법

택시회사 사장은 정확하게 설명서를 따랐다. 표본은 무작위로 추출했고 크기도 충분했다. 그런데 그는 필요할 때 생각을 하지 않았어!

B휘발유가 A휘발유보다 약간 나았지만, 표준편차가 커서 신뢰구간이 넓었다. 즉, 택시마다 연비 차이가 컸다. 왜 이렇게 연비 편차가 클까? 운전기사마다 운전 행태가 다르니까 그렇지!

이 경우에는 같은 택시에 날짜만 달리하여 A휘발유와 B휘발유를 넣어 운행하는 것이 훨씬 나은 방법이다.

어느 날에 A휘발유를 쓸지는 동전 던지기를 이용해 무작위로 결정할 수 있다. 또한 10대의 택시만 조사해서 시간과 비용도 절약할 수 있다.

택시	A휘발유	B휘발유	차이
1	27.01	26.95	0.06
2	20.00	20.44	−0.44
3	23.41	25.05	−1.64
4	25.22	26.32	−1.10
5	30.11	29.56	0.55
6	25.55	26.60	−1.05
7	22.23	22.93	−0.70
8	19.78	20.23	−0.45
9	33.45	33.95	−0.50
10	25.22	26.01	−0.79
평균	25.20	25.80	−0.60
표준편차	4.27	4.10	0.61

이제 A, B휘발유의 평균과 표준편차가 비슷하다. 택시마다 차이가 서로 같기 때문에 이런 결과는 이미 예상할 수 있다. 하지만 이제 두 휘발유의 차이는 표준편차가 아주 작다. 같은 차를 이용해서 휘발유를 비교했으므로, 택시들 간의 상대적 차이가 없어진 것이다.

차이 d_i는 각 택시에 대한 휘발유 차이의 측정치이다. 이제 작은 표본에 대한 검증통계량 t에 사용해보자.

$$t = \frac{\bar{d}}{s_d/\sqrt{n}}$$

$\bar{d}$를 중심으로 한 95% 신뢰구간은

$$\mu_d = \underset{\text{표본평균}}{\bar{d}} \pm \underset{\text{임계값}}{t_{.025}} \underset{\text{표준오차}}{(s_d/\sqrt{n})}$$

$$= -.6 \pm (2.26)\left(\frac{.61}{\sqrt{10}}\right)$$

$$= -.60 \pm .44$$

그래서 95% 신뢰도는 이 $-1.04 \leq \mu d \leq -.16$이 되고, 이것은 B휘발유가 더 낫다는 증거이다.

컴퓨터 소프트웨어를 이용해서 가설검증의 p값을 찾을 수 있다.

$H_a : \mu_d \neq 0$

$$\text{P값} = Pr(|t| \geq |t_{OBS}|)$$
$$= Pr\left(|t| \geq \frac{.6}{.19}\right)$$
$$= Pr(|t| \geq 3.15)$$
$$= .012 < .05$$

다시 B휘발유가 검증을 통과했다.

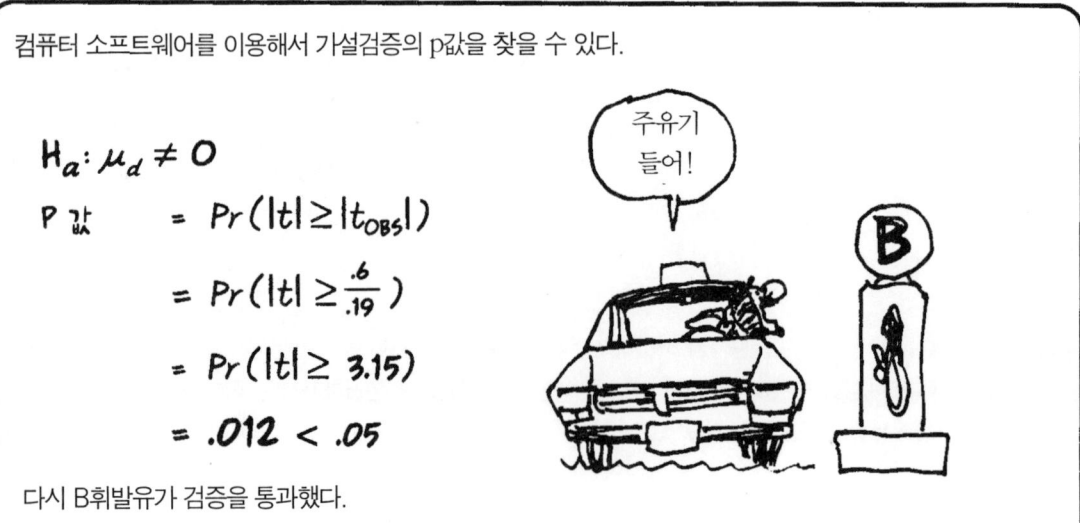

아래는 연비를 나타낸 점 그래프이다. 첫번째 그래프는 쌍을 짓지 않은 것이고,

B휘발유

A휘발유

연비

그 다음 그래프는 택시별로 쌍을 지은 것이다.

B휘발유

A휘발유

연비

오른쪽으로 기운 선이 많다는 것은
B휘발유의 연비가 더 좋다는 뜻이다.

오른쪽으로
기운 선이 뭘까?

상대비교실험은 상호 비교에서 자연히 나타나는 변동성을 줄이는 가장 효과적인 방법 중 하나이다. 예를 들어 손 크림을 비교할 경우, 두 제품을 무작위로 각 실험대상자의 오른손 또는 왼손에 바르면, 피부의 차이에서 오는 변동성을 제거할 수 있다.

아침 대용인 시리얼 제품을 비교할 경우, 동일한 시식자에게 두 제품을 무작위로 맛보게 한 후 평가하도록 한다. 이러한 상대비교는 시리얼에 대한 시식자들간의 선호도의 치우침을 없애준다.

지금까지 신뢰구간과 가설검증에 대한
기본 개념들을 두 모집단을 비교하는 데 적용해봤다.
이런 종류의 문제는 무수히 많다.
상호 비교 문제는 아래와 같다.

- 표본이 작을 때
  두 모집단의 표준편차 비교,

- 표본이 클 때
  둘 이상의 모집단의 평균 비교,

- 표본이 작을 때
  둘 이상의 모집단의 평균 비교,

…등등!

실제로 통계학자들은 문제의
일반적 성격을 정하고 나서 그에 맞는
참고도서를 참조한다.

이 장에서 새로운 것은 **상대비교법**밖에 없다.
다음 장에서는 몇가지 다른 종류의 실험설계를
살펴보자.

10
실험설계

실험설계가 성공이나 실패를 좌우하는 경우가 종종 있다. 상대비교의 경우, 통계자의 역할이 수동적으로 숫자를 모아 분석하는 형태에서 실험설계에 능동적으로 참여하는 형태로 바뀌었다.

이 장에서는 실험설계의
기본 개념만 소개하고,
수치분석은 여러분의
멋진 통계 소프트웨어의 몫으로
남겨두겠다.

실험설계의 요소들은 실험단위와 단위에 할당될 처리이다.
설계의 목표는 처리들을 비교하는 것이다.

임상실험의 경우, 환자들은 단위이고,
약은 처리가 된다. 연비의 예에서는
단위가 운전기사이고, 비교될 처리는
A휘발유와 B휘발유이다.

농사 실험에서는 실험단위가 경작지일 때가 많고, 처리는 밀 종자, 살충제, 비료 등이 될 수 있다.

오늘날 실험설계의 개념들은 산업공정의 최적화, 의학, 사회과학 분야에서 광범위하게 사용된다. 어떤 실험설계든 세 가지의 기본원칙이 적용되는데, 택시의 예로 설명될 수 있다.

반복

동일한 처리를 다른 실험단위에 할당하는 것이다. 반복이 없으면, 자연적인 변동성과 측정오차를 평가할 수가 없다.

국소통제

자연적인 변동성을 고려하고 감소시키는 방법을 말한다. 한 가지 방법은 비슷한 실험단위들끼리 블록으로 그룹 짓는 것이다. 택시의 경우, 두 휘발유가 각 택시마다 사용되었는데, 그 택시가 하나의 블록이 된다.

무작위화

모든 통계에서 가장 중요하다! 처리는 실험단위에 무작위로 배정되어야 한다. 각 택시에 A휘발유를 화요일과 수요일 중 언제 넣을지는 동전 던지기로 배정했다. 그렇지 않으면 화요일과 수요일의 차이 때문에 결과를 망칠 수 있다!

이제 두 휘발유와 함께 두 타이어 제품의 효과도 조사한다고 하자. 가능한 처리는 네 가지이고, 아래와 같이 2×2 요인설계로 나타낸다. 두 요인은 휘발유와 타이어로 만든다.

	A휘발유	B휘발유
A타이어	*a*	*b*
B타이어	*c*	*d*

네 가지 처리는 각 택시마다 4일 동안 무작위로 배정되고, 네 가지 처리(*a, b, c, d*) 모두 각 블록(택시)에 반복된다. 이것을 완비무작위블록설계라고 한다.

지금까지 우리는 일주일의 모든 날이 같다고 가정해왔지만, 이 역시 통제하는 방법이 있다. 4대의 차만 사용해서 오른쪽 표에 따라 처리를 배정한다.

	날짜	1	2	3	4
택시	1	*a*	*b*	*c*	*d*
	2	*b*	*c*	*d*	*a*
	3	*c*	*d*	*a*	*b*
	4	*d*	*a*	*b*	*c*

주목!! 각 처리가 모든 칸과 줄에 한 번씩 나타난다!

서로 다른 4개의 요소가 각 칸과 줄에 한 번씩 나타나는 4×4 표를 **라틴방격**이라고 한다. 이 실험에서 4일과 4대의 차는 모두 4개의 처리를 정확하게 한 번씩 얻는다.

무작위화 단계는 네 줄의 라틴방격 중에서 하나의 라틴방격설계를 무작위로 뽑아내는 것이다.

4개의 단위가 충분하지 않다면, 실험설계를 반복해서 실험단위의 수를 늘릴 수 있다. 8대의 택시에서 시작해 4대씩 2개의 그룹으로 나누고, 각 그룹마다 설계를 반복한다.

상세한 데이터 분석은 하지 않겠다고 약속했지만, 이처럼 복잡한 설계를 어떻게 다루는지 대략적으로 살펴볼 필요는 있다.

실험설계의 분석은 전체 변동성을 그 요인들에 배정하는 것이다. 택시의 경우, 변동요인은 택시, 타이어 형태, 연료 종류, 날짜와 확률오차이다. 분산분석(ANOVA)은 전체 변동을 나누어서 각 요인에 배정한다.

다음 장에서는 복잡한 설계분석 모델의 하나인 선형회귀분석 모델에 대해 상세하게 설명할 것이다. 선형회귀분석에서 분산분석을 수치로 확인할 수 있다.

11
회귀분석

지금까지 우리는 한 번에 하나의 변수로 통계를 해봤다. 아스피린, 피클, 자동차 충돌문제 등등. 이 장에서는 두 변수의 상관 관계를 배울 것이다. 2장에서 보았던 92명의 학생들의 몸무게에 대해 키와 어떤 관계가 있는지 다시 질문을 던져보자.

이런 유의 중요한 질문들은 아주 많다. 혈압으로 기대수명을 예측할 수 있는가? 대학수능점수가 대학생활 태도와 어떤 관계가 있는가? 통계책을 공부하면 더 나은 사람이 될 수 있는가?

수학시간에 관계식을 그래프로
나타내는 법을 배웠을 것이다.
x가 주어지면, y를 구할 수 있다.
하지만 통계에서는 문제가 그렇게
간단하지 않다!
키가 몸무게에 영향을 미친다는 건 알지만,
키만 영향을 미치는 게 아니다.
성별, 나이, 체형 그리고 종잡을 수 없는
다른 여러 요인들이 있다.

몸무게 데이터를 y, 키 데이터를 x라고 하고, (x_i, y_i)를 학생의 키와 몸무게라고 하자.
(x_i, y_i)를 2차원 점도표로 나타내보자. 이를 산점도라고 한다.

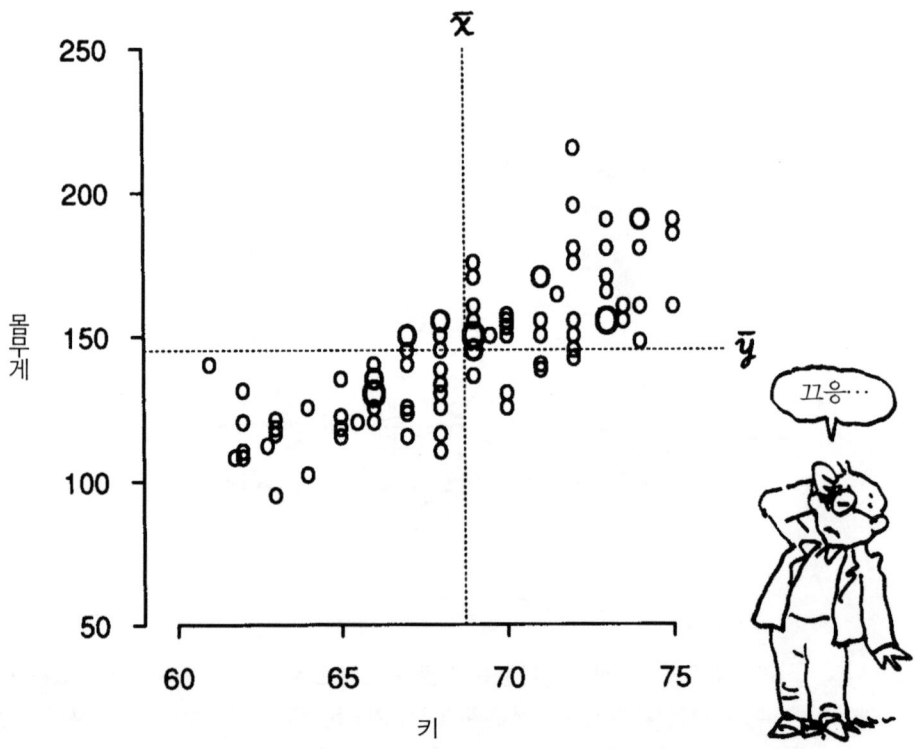

어떤 점은 다른 것보다 큰데, 이것은 몸무게와 키가 같은 학생이 2~3명 있다는 뜻이다.

어느 학생의 키 x를 보고 몸무게 y를 예측할 수 있을까?

회귀 분석은

이처럼 어수선한 산점도에 맞는 직선을 찾는 것이다. x는 독립변수 또는 예측변수라 하고, y는 종속변수 또는 반응변수라고 한다. 회귀직선 또는 예측직선은 다음과 같은 형태이다.

$$y = a + bx$$

적합한 직선을 찾는 과정을 보여주기 위해, 임의적으로 만든 학생 9명의 키-몸무게 데이터를 사용해보자.

몸무게	키
60	84
62	95
64	140
66	155
68	119
70	175
72	145
74	197
76	150

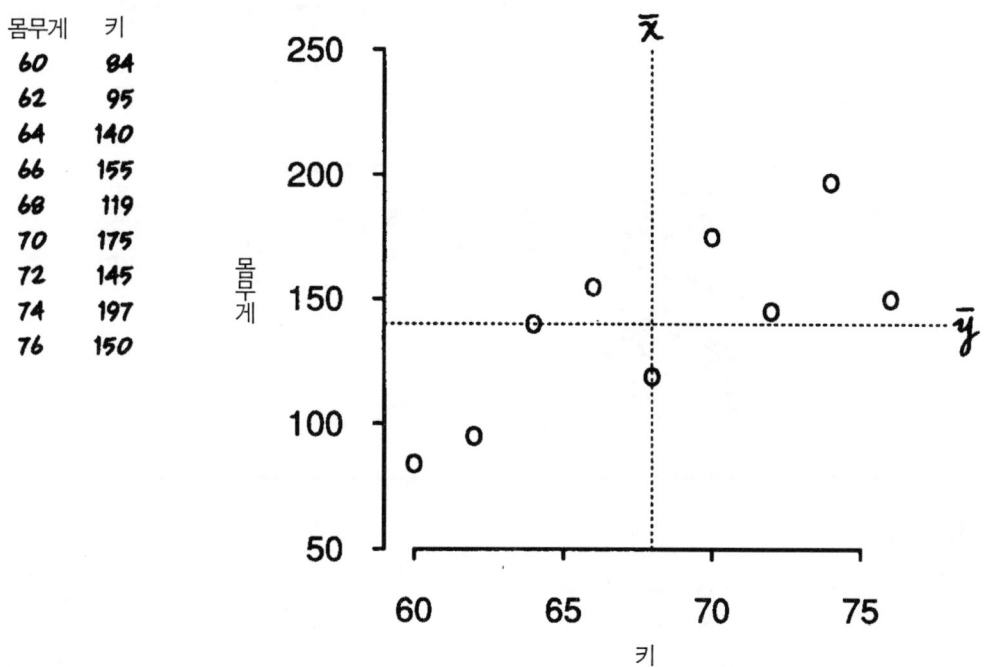

이제 가장 적합한 직선을 어떻게 얻을 수 있을까?

한 가지 아이디어는 직선으로부터 y값의
전체 편차를 최소화하는 것이다. 분산을
정의할 때와 똑같이 y가 직선에서 떨어진
거리를 제곱해서 모두 더하면
오차제곱합(SSE)이 된다.

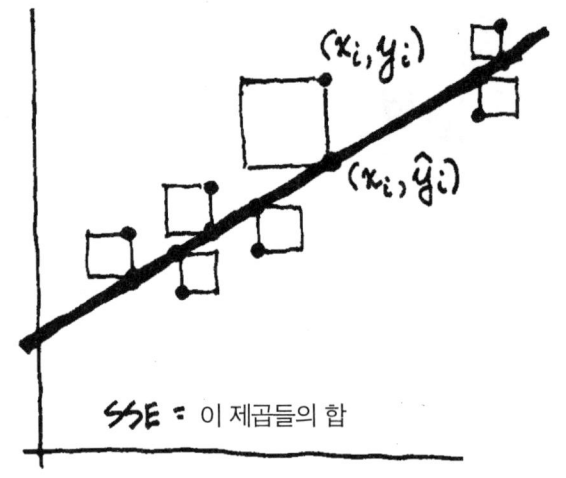

$$SSE = \sum_{i=1}^{n}(y_i - \hat{y}_i)^2$$

SSE = 이 제곱들의 합

이는 직선상의 '예측치' 즉, $\hat{y}_i$와 실제값 y_i 사이의 차이를 모두 합한 값이다.

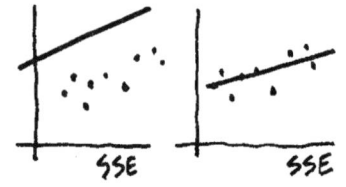

회귀직선 또는 최소제곱 직선

SSE가 최소가 되는 직선을 말한다.

직선 모두를 맞춰봐야 하나?

역사적 배경

왜 이 과정을 회귀분석이라고 부르게 됐을까?
19세기 말 유전학자 프랜시스 골턴은 평균으로의 회귀라는 현상을 발견했다.
그는 유전법칙을 찾던 중 부모의 키가 자손에게 전달된다는 사실을 발견했다.
즉, 아버지가 키가 크면 아들은 조금 작고, 반대로 아버지의 키가 작으면
아들은 조금 더 큰 경향이 있었다. 골턴은 자신이 "평균으로의 회귀"라고 불렀던
이 현상을 연구하기 위해 회귀분석법을 개발했다.

더 커라, 애야!

바로 본론으로 들어가기 위해 증명 없이
회귀직선의 식을 보기로 하자.
식은 복잡해 보여도 계산은 가능하다.

$$y = a+bx$$

여기서

$$b = \frac{\sum_{i=1}^{n}(x_i-\bar{x})(y_i-\bar{y})}{\sum_{i=1}^{n}(x_i-\bar{x})^2}$$

그리고

$$a = \bar{y}-b\bar{x}$$

($\bar{x}$와 $\bar{y}$는 각각 $\{x_i\}$와 $\{y_i\}$의 평균)

이 수식들은 앞으로도 자주 나올 테니 아래와 같이 약자로 쓰기로 한다.

$$SS_{xx} = \sum_{i=1}^{n}(x_i-\bar{x})^2$$

$$SS_{yy} = \sum_{i=1}^{n}(y_i-\bar{y})^2$$

평균을 중심으로 한 거리의 제곱의 합, x_i와 y_i의 산포도 측정.

$$SS_{xy} = \sum_{i=1}^{n}(x_i-\bar{x})(y_i-\bar{y})$$

외적(교차곱)은 SS_{xx}와 함께 계수 b를 결정.

앞에서 임의로 만든 데이터를 계산하면 아래와 같다.

x_i	y_i	$(x_i-\bar{x})$	$(y_i-\bar{y})$	$(x_i-\bar{x})^2$	$(y_i-\bar{y})^2$	$(x_i-\bar{x})(y_i-\bar{y})$
60	84	-8	-56	64	3136	448
62	95	-6	-45	36	2025	270
64	140	-4	0	16	0	0
66	155	-2	15	4	225	-30
68	119	0	-21	0	441	0
70	175	2	35	4	1225	70
72	145	4	5	16	25	20
74	197	6	57	36	3249	342
76	150	8	10	64	100	80

합계 =612 1260 $SS_{xx}=240$ $SS_{yy}=10426$ $SS_{xy}=1200$

$\bar{x}=68$ $\bar{y}=140$

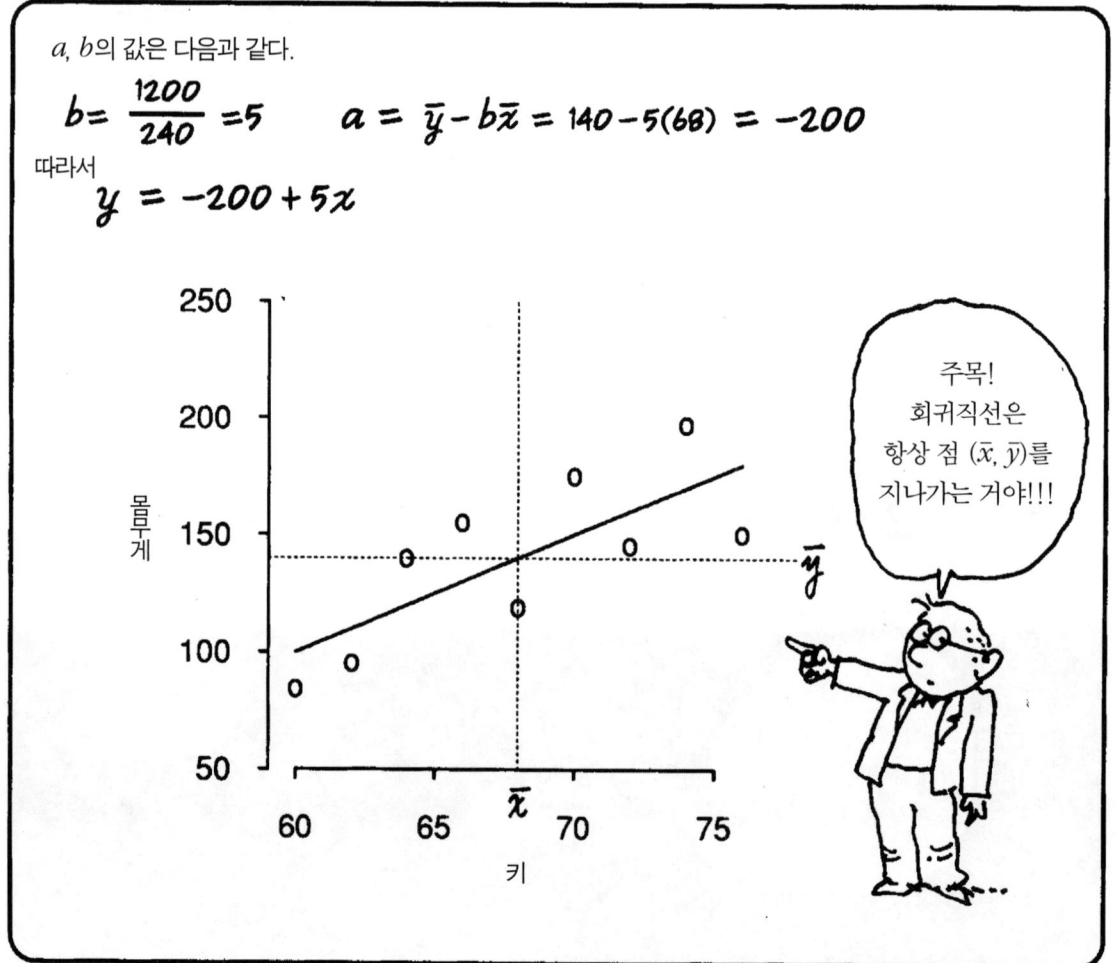

a, b의 값은 다음과 같다.

$$b = \frac{1200}{240} = 5 \qquad a = \bar{y} - b\bar{x} = 140 - 5(68) = -200$$

따라서

$$y = -200 + 5x$$

주목! 회귀직선은 항상 점 $(\bar{x}, \bar{y})$를 지나가는 거야!!!

분산분석(ANOVA)

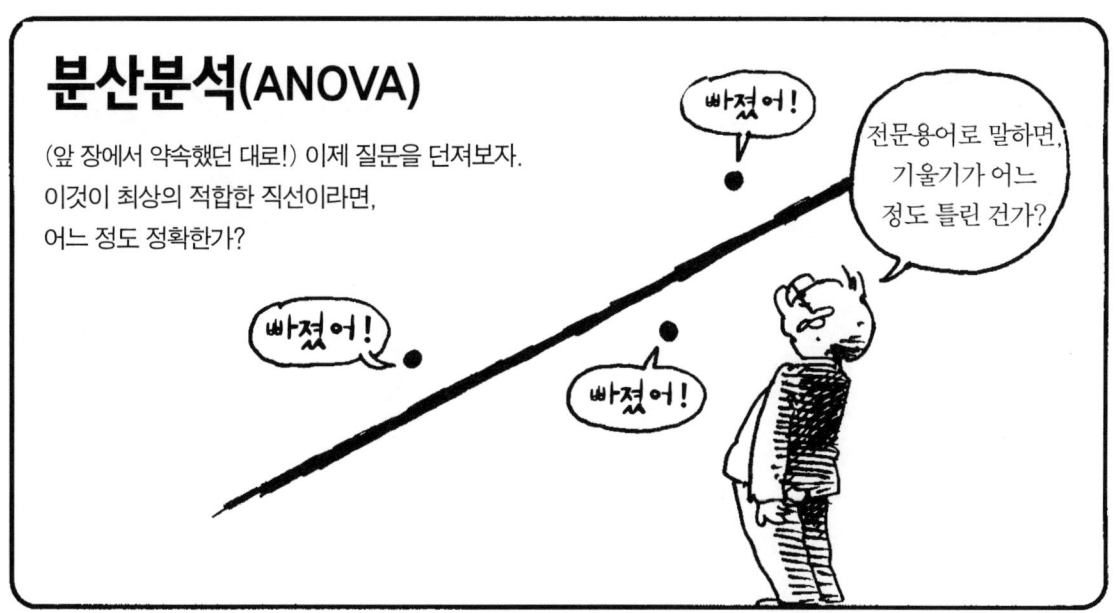

(앞 장에서 약속했던 대로!) 이제 질문을 던져보자. 이것이 최상의 적합한 직선이라면, 어느 정도 정확한가?

이미 생각했겠지만, 그 답은 데이터 점들이 어느 정도 흩어져 있는지, 즉 데이터의 전체 편차보다 SSE가 어느 정도 큰지에 달려 있다. 예를 들어보면 다음과 같다.

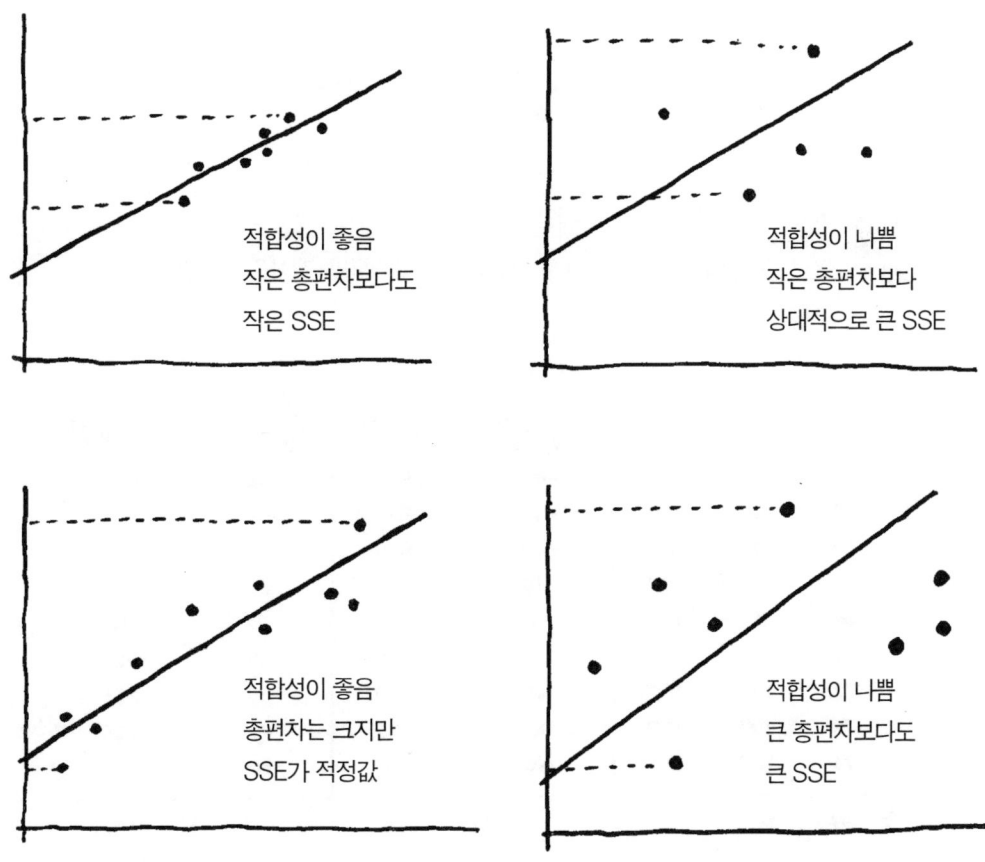

이것을 계량화해보자.
옆의 그림을 보면,
그래프의 식은

$$\hat{y}_i = a + bx_i$$

$\hat{y}_i$는 회귀직선으로 결정되는 몸무게 예측치이다.

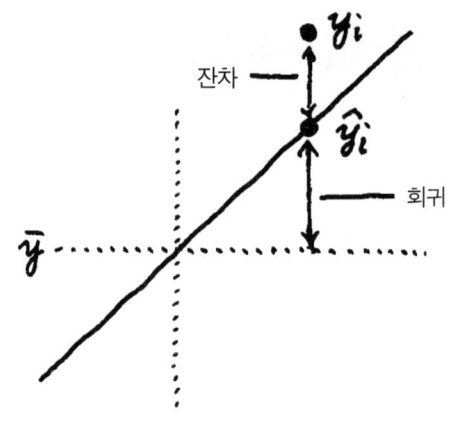

분산계산표

변동요인	제곱합	임의 데이터에 대한 계산값
회귀	$SSR = \sum_{i=1}^{n}(\hat{y}_i - \bar{y})^2$	6000
잔차	$SSE = \sum_{i=1}^{n}(y_i - \hat{y}_i)^2$	4426
합계	$SS_{yy} = \sum_{i=1}^{n}(y_i - \bar{y})^2$	10,426

(그런데 SS_{yy}=SSR+SSE인지 의심스럽겠지만, 사실이야!)

어쨌든 $y = -200 + 5x$인 임의 데이터에 대한 회귀와 잔차의 제곱합 계산은 아래와 같다.

			회귀		잔차	
x_i	y_i	$\hat{y}_i$	$(\hat{y}_i - \bar{y})$	$(\hat{y}_i - \bar{y})^2$	$(y_i - \hat{y}_i)$	$(y_i - \hat{y}_i)^2$
60	84	100	-40	1600	-16	256
62	95	110	-30	900	-15	225
64	140	120	-20	400	20	400
66	155	130	-10	100	25	625
68	119	140	0	0	-21	441
70	175	150	10	100	25	625
72	145	160	20	400	-15	225
74	197	170	30	900	27	729
76	150	180	40	1600	-30	900

$\bar{x} = 68$ $\bar{y} = 140$ SSR = 6000   SSE = 4426

SSR은 회귀로 생긴 변동,
즉 y의 예측값들을 측정한다.
SSE는 이미 보았을 테고.

$$\frac{SSE}{SS_{yy}}$$

위 식은 총편차에 대한 잔차의 비율이다.

결정계수

총변동 중 회귀로 생긴 변동이
기여하는 비율로서

$$R^2 = \frac{SSR}{SS_{yy}} = 1 - \frac{SSE}{SS_{yy}}$$

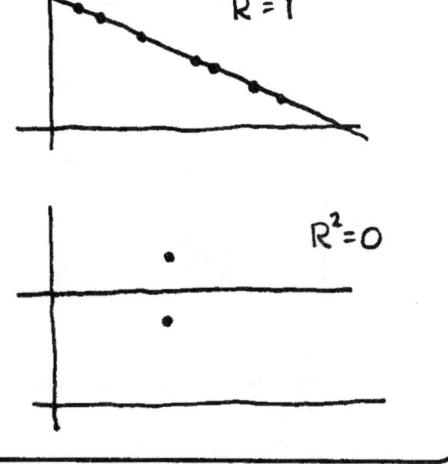

왜냐하면 $SSR = SS_{yy} + SSE$이기 때문이다.
R^2은 항상 1보다 작다.
그 값이 1에 가까울수록 회귀선의 정확도는 높다.
$R^2 = 1$은 관측치와 회귀선이 완전히
일치하는 경우이다.

앞 예의 경우

$$R^2 = \frac{6000}{10,426} = .58$$

몸무게 변화의 58%는 키로
설명된다는 뜻이다.
나머지 42%는 '오차'이다.

상관계수

결정계수 대신 사용하는 R^2의 제곱근이고, 부호는 b와 같다.

$$r = (\text{b와 같은 부호}) \sqrt{R^2}$$

r은 회귀선이 오른쪽 위로 향할 때는 +이고, 아래로 향할 때는 −가 된다.

r이 음이면 x가 y와 음의 상관관계라는 뜻이지!

r은 회귀선의 정확도를 측정하고, x가 증가할 때 y가 증가하는지 또는 감소하는지를 말해준다.

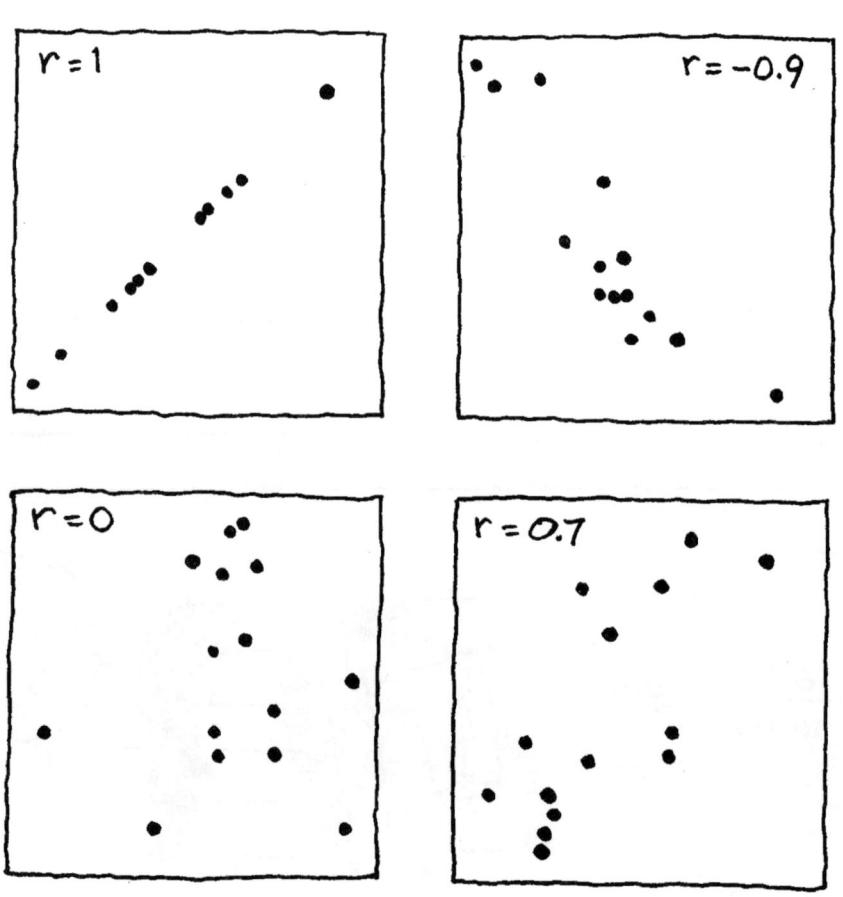

솔직히 말해서 이것들은 아무도 수작업으로 계산할 수는 없다. 컴퓨터를 이용하면 이 모든 일을 손쉽게 할 수 있지만…

사실, 이 책의 내용 전부를 통계자의 머릿속에 압축해넣을 수 있지.

펜실베이니아에서 개발된 MINITAB 통계 소프트웨어의 경우, 아래와 같은 하나의 명령어를 사용하면 된다.

```
MTB > regress 'weight' on 1 independent variable 'height'
```

그러면 아래와 같은 결과가 나온다.

```
The regression equation is

WEIGHT = - 200 + 5.00 height

Predictor    Coef      Stdev    t-ratio    p
Constant    -200.0    110.7     -1.81     0.114
height         5.000      1.623     3.08     0.018

s = 25.15     R-sq = 57.5%  R-sq(adj) = 51.5%

Analysis of Variance

SOURCE       DF      SS         MS         F         p
Regression    1    6000.0    6000.0     9.49     0.018
Error             7    4426.0     632.3
Total            8   10426.0
```

짐을 엄청 덜었어!

얼씨구나! 컴퓨터의 결과가 우리하고 똑같아!

이제 학생 92명의 실제 데이터를 사용해보자.

```
MTB > regress 'weight' on 1 independent variable 'height'
```

결과는

```
The regression equation is
WEIGHT = - 205 + 5.09 HEIGHT

Predictor     Coef       Stdev     t-ratio      p
Constant    -204.74     29.16      -7.02      0.000
height        5.0918     0.4237    12.02      0.000

s = 14.79      R-sq = 61.6%   R-sq(adj) = 61.2%


Analysis of Variance

SOURCE       DF     SS        MS       F         p
Regression    1    31592    31592    144.38    0.000
Error        90    19692      219
Total        91    51284
```

회귀직선과 산점도가
오른쪽에 있다.
이 경우 상관계수는

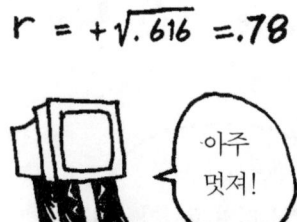

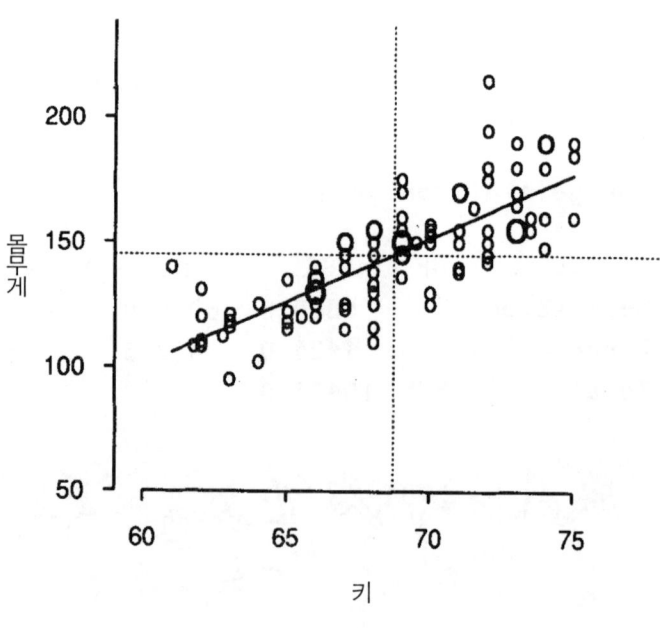

통계적 추론

지금까지 우리는 관측데이터 x와 y 사이의 최적의 선형관계를 찾는 데이터분석을 해왔다.
이제 관점을 옮겨서 92명의 학생들의 데이터를 모집단의 표본으로 생각하자. 어떤 추론을 할 수 있을까?

무슨 일이야?

표본으로 뽑혔어.

전체 모집단의 회귀모델도 아래와 같은 선형관계이다.

$$Y = \alpha + \beta x + \epsilon$$

그리스 문자는 모델 개념을 나타내는 거야!

Y는 종속확률변수, x는 독립변수(서로 바뀌어도 무관)이고, α, β는 우리가 찾으려는 미지의 매개변수야. ϵ은 확률오차의 변동을 나타낸다.

키 대 몸무게 모델의 경우, Y는 몸무게, x는 키이고 α와 β는 미지수이다. 그리고 ϵ은 x의 각 값에 대한 Y의 **임의성분**으로 생각할 수 있다.

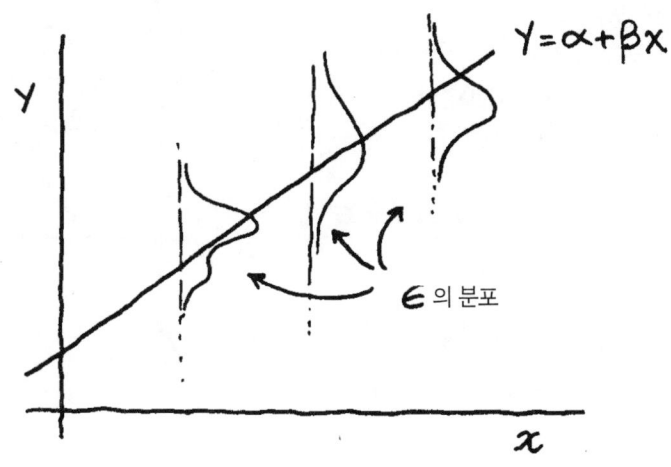

ϵ의 분포

사실 ϵ의 분포는 x의 값마다 다르다. 키가 5피트인 학생들의 몸무게는 6피트인 학생들보다 편차가 작다. 문제를 간단히 하기 위해 모든 x값에 대해 ϵ이 같은 평균 $\mu=0$, 표준편차 $\sigma=\sigma(\epsilon)$를 갖는 정규분포라고 가정하자.

실제   가정

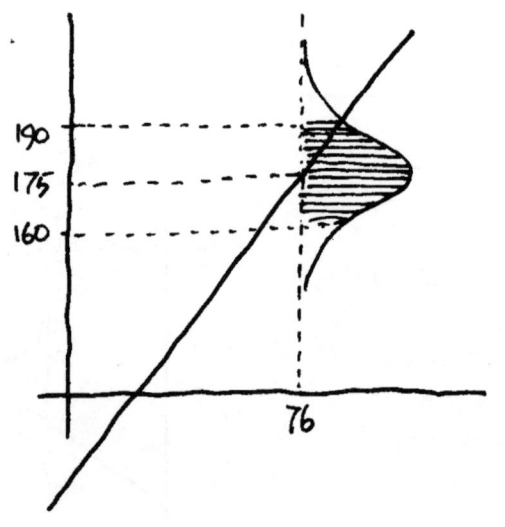

이런! 몸무게가 0보다 작은 아기도 있단 말이잖아!

그래서 몸무게 모델은

$$Y = -125 + 4x + \epsilon$$

ϵ는 $\mu=0$, $\sigma=15$파운드인 정규분포이다.
이 모델에 따르면,
키가 6피트 4인치(76인치)인 학생들의 몸무게 분포는

$$Y = -125 + 4(76) + \epsilon$$
$$= 175 + \epsilon$$

$x=76$이면 Y는 평균 175, 표준편차 15파운드인 정규분포가 된다.

이제 앞에서 수차례 반복했던 표본을 취해 α, β의 값을 추정하는 데 주어진 모델 $Y = \alpha + \beta x + \epsilon$ 을 이용해보자.

최소제곱법으로 구했던 a와 b는 α와 β의 **BLUE**, 즉 최량선형비편향추정량이다. (그 의미가 무엇이든간에!)

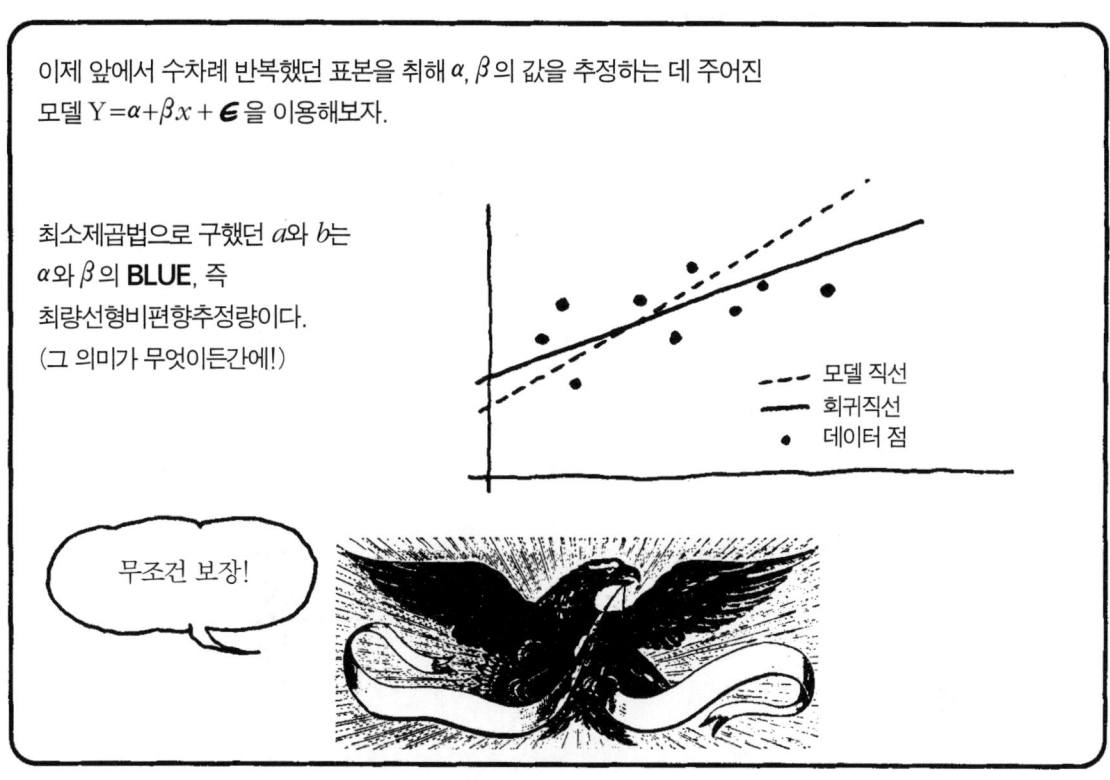

통상 표본이 다르면 데이터가 다르고 회귀직선도 서로 다르다. 이 회귀선들은 직선 $Y = \alpha + \beta x + \epsilon$를 중심으로 분포한다. 자, 이제 다음과 같은 질문을 해보자. a와 b는 각각 α와 β 주위에 어떻게 분포되는가? 그리고 신뢰구간과 검증가설들은 어떻게 세우는가?

각 데이터 점 (x_i, y_i)에 대해

$$y_i = a + bx_i + e_i$$

여기서 y_i는 $e_i = y_i - \hat{y}_i$가 회귀직선에서 y방향으로 떨어진 거리이다. e_i는 ε의 표본값이고, 이로부터 $\sigma(\varepsilon)$의 추정치인 s를 얻을 수 있다.

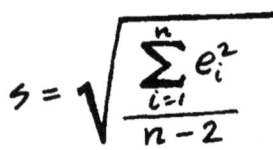

분모가 왜 $n-2$일까? a와 b를 계산하는데 2개의 자유도를 썼으므로, σ를 추정하는 데는 $n-2$개의 정보만 남는다.

또한 s는 아래와 같이 쓸 수도 있다.

이 식을 이용하면 표본의 통계량으로부터 바로 s를 계산할 수 있다.

n차원 기하를 배우라고 했잖아, 아주 쉽다니까!

다시 말하면, s는 데이터 점들이 직선 주위에 얼마나 넓게 퍼져 있는지를 나타내는 추정량이다.

신뢰구간들

α와 β 대한 95% 신뢰구간은 아래와 같은 낯익은 형태이다.

$$\beta = b \pm t_{.025} SE(b)$$
$$\alpha = a \pm t_{.025} SE(a)$$

자유도가 $n-2$인 t 분포를 썼다.
(이유는 앞에서 본 것과 똑같다).

하지만 표준오차는 좀 낯설어 보인다.
유도하지 않고 바로 쓰면 아래와 같다.

$$SE(b) = \frac{s}{\sqrt{SS_{xx}}}$$

$$SE(a) = s\sqrt{\frac{1}{n} + \frac{\overline{x}^2}{SS_{xx}}}$$

우리의 소중한 $\frac{1}{n}$은 도대체 어디로 간 걸까? 그건 SS_{xx}와 바뀌었다. n과 마찬가지로, SS_{xx}도 데이터 점이 많을수록 증가한다. 하지만 데이터의 총편차가 반영된다. 예를 들면, 키가 같은 학생들을 표본으로 한다면, 키와 몸무게의 연관성에 대한 어떤 결론도 끌어내지 못할 것이다. 이 경우에는
$SS_{xx} = 0$이고 $b = \infty$가 되어 신뢰구간이 무한대가 된다.

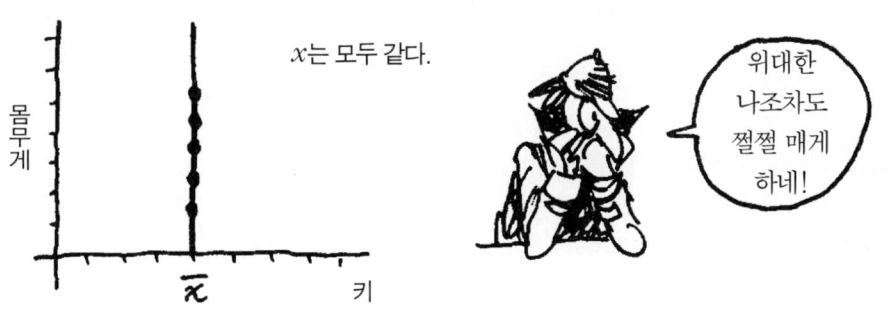

x는 모두 같다.

추가 질문

특정값 Y에서 반응변수 x_0의 평균값을 얼마나 잘 예측할 수 있을까? 예를 들면, 키가 76인치인 학생들의 평균 몸무게는 얼마일까? $Y = \alpha + \beta x_0$에 대한 95% 신뢰구간은 다음과 같다.

$$\alpha + \beta x_0 = a + bx_0 \pm t_{.025} SE(\hat{y})$$

여기서

$$SE(\hat{y}) = s\sqrt{\frac{1}{n} + \frac{(x_0 - \bar{x})^2}{SS_{xx}}}$$

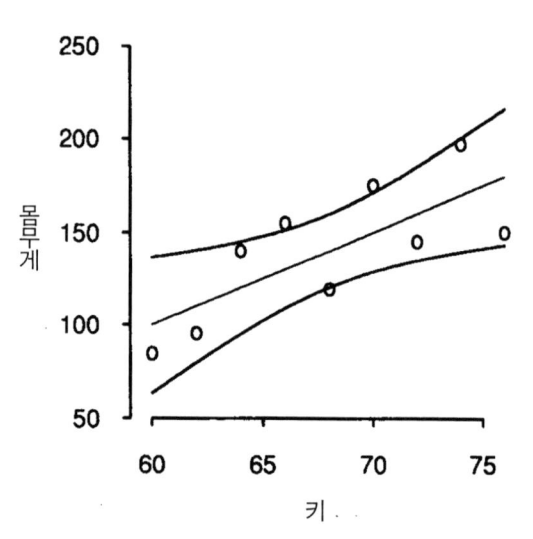

키가 x_{NEW}인 학생이 새로 들어왔다면, 그 학생의 몸무게 Y_{NEW}를 측정하지 않고 얼마나 정확하게 예측할 수 있을까?

측정치가 x_{NEW}인 새 학생의 Y_{NEW}에 대한 95% 예측값은 아래와 같다.

$$Y_{NEW} = a + bx_{NEW} \pm t_{.025} SE(Y_{NEW})$$

여기서

$$SE(Y_{NEW}) = s\sqrt{1 + \frac{1}{n} + \frac{(x_{NEW} - \bar{x})^2}{SS_{xx}}}$$

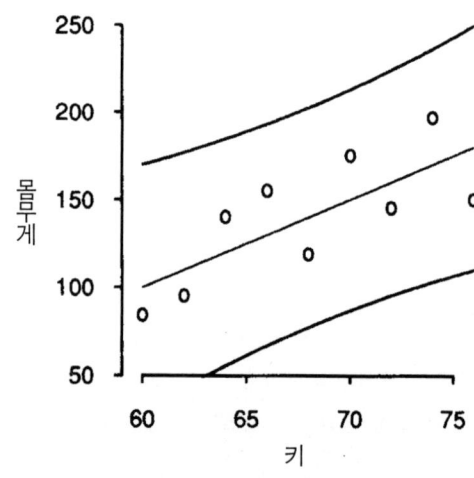

이러한 표준오차는 x값, 즉 x_0 또는 x_{NEW}가 평균값 $\bar{x}$에서 멀수록 그 값이 커지는 항을 포함한다. $\bar{x}$에서 멀수록 오차가 커지는 이유는 뭘까? 회귀직선을 흔들어보면, 평균에서 멀수록 더 큰 차이가 생기기 때문이다! (회귀선은 항상 $(\bar{x}, \bar{y})$를 지나는 걸 기억하세요.)

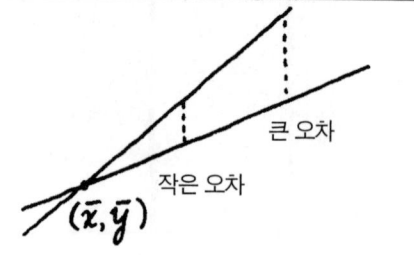

앞에서 본 임의 데이터를 가지고 생각해보자.
$x=76$인치일 때 평균 몸무게는
$b=-200$이고 $a=5$이므로 아래와 같다.

$$Y = -200 + 5(76) \pm (2.365)(25.15)$$
$$= 180 \pm (2.365)(25.15)\sqrt{.3777}$$
$$= 180 \pm 36.34 \text{ 파운드}$$

6피트 4인치인 학생들의 평균몸무게는 180파운드이다.
평균 ±36파운드 범위 내에서 95% 신뢰한다.

6피트 4인치인 새 학생의 몸무게를 9개의 데이터로 예측해보면 아래와 같다.

$$Y_{NEW} = -200 + 5(76) \pm (2.365)(25.15)\sqrt{1+\frac{1}{9}+\frac{(76-68)^2}{290}}$$
$$= 180 \pm (2.365)(29.51)$$
$$= 180 \pm 70 \text{ 파운드}$$

미식축구 코치에게 신입선수의 몸무게가 110에서 250파운드 사이인 것을 확신한다고 말한다면!!!

범위가 끔찍하게 커진다! 문제가 뭘까? 실제로 두 가지의 문제가 있다.

펜실베이니아 학생들의 데이터를 이용하면 추정치가 훨씬 더 정확하다.

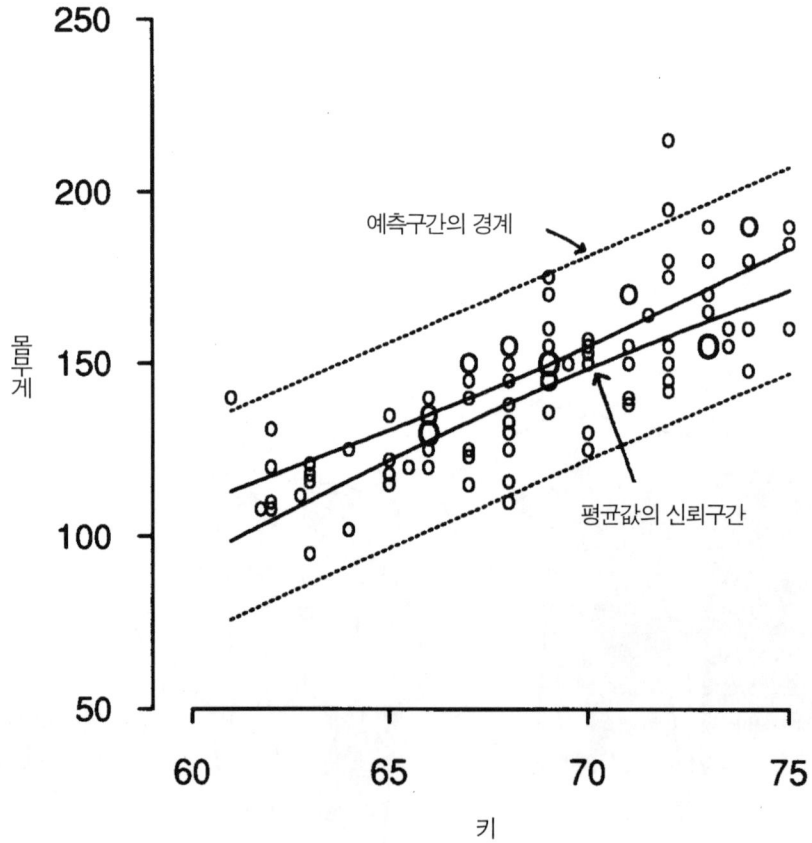

가설검증

의심이 많은 사람들은 키와 몸무게 사이에 아무런 관련성이 없다고 말할지도 모른다. 그 말은 $\beta=0$이라는 말과 같다.

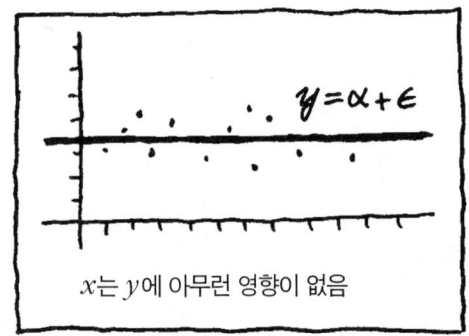

x는 y에 아무런 영향이 없음

이것을 영가설로 하자.

$$H_0 : \beta = 0$$

이 경우 검증통계량은

$$t = \frac{b}{SE(b)}$$

자유도 $n-2$인 t분포를 갖는다. 다른 경우처럼 유의성 검증은 대립가설에 좌우된다.

$$t > t_\alpha \text{ FOR } H_a : \beta > 0$$
$$t < t_\alpha \text{ FOR } H_a : \beta < 0$$
$$|t| > |t_{\alpha/2}| \text{ FOR } H_a : \beta \neq 0$$

임의 몸무게 데이터의 경우, 아래의 대립가설에 강한 의문이 든다.

$$H_a : \beta > 0$$

검증하면

$$t_{OBS} = \frac{5}{SE(b)} = \frac{5}{1.62}$$
$$= 3.08$$

$$t_{.05} = 1.895. \text{ SINCE } t_{OBS} > t_{.05},$$

7개의 자유도에 대해, $t_{.05}=1.895$이다. $t_{OBS} > t_{.05}$이므로 $\alpha=.05$ 유의수준에서 영가설을 기각하고, 키와 몸무게 사이에 양의 상관관계가 있다고 결론 지을 수 있다.

다중선형회귀

하나의 종속변수와 여러 개의 독립변수 사이의 관련성을 분석하는 경우에도 똑같은 기본 개념들을 사용한다.

$$Y = \alpha + \beta_1 x_1 + \beta_2 x_2 + \ldots \beta_n x_n + \epsilon$$

예를 들면, 몸무게는 키 외에도 나이, 성별, 식사, 체형 등 여러 요인들로 결정된다.

행렬계산과 컴퓨터를 이용하면 이런 문제들을 쉽게 분석할 수 있다.

비선형회귀

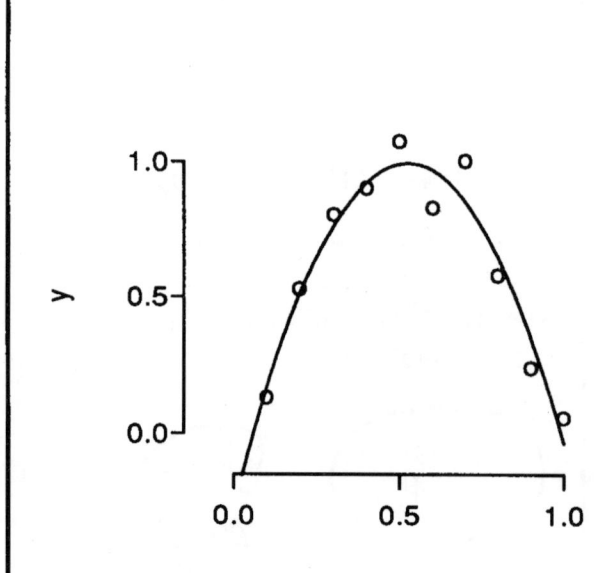

데이터들이 비선형의 곡선과 맞을 때도 가끔 있다. 통계학자들은 선형회귀 기법들을 비선형 문제에 사용하는 방법을 한가득 가지고 있다. 그 중 가장 간단한 방법은 아래처럼 Y를 다항식으로 쓰는 것이다.

$$Y = \alpha + \beta_1 x + \beta_2 x^2 + \epsilon$$

그리고 x와 x^2을 선형모델의 독립변수들로 취급한다.

회귀진단

복잡한 모델을 데이터에 맞추면, 많은 쟁점거리들이 모호해질 때가 있다. 그래서 숨어 있는 이상 현상들을 찾아내기 위해 회귀진단 방법을 사용한다.

가장 간단한 방법은 예측치 y_i에 대해 잔차 e_i의 점그래프를 그려보는 것이다. 오차 ϵ는 x에 독립적이라는 사실을 기억하자.

무작위의 산점도는 모델의 가정들이 적절하다는 것을 보여준다.

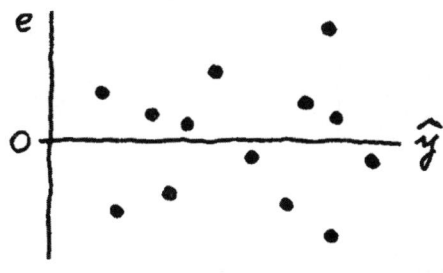

그래프에 나타난 패턴은 모델의 가정들에 분명히 문제가 있음을 보여준다.

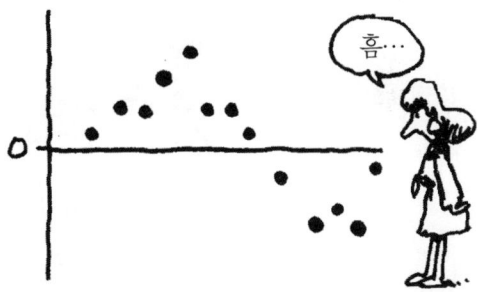

전형적인 오차의 이분산적인 현상이다. 즉, y가 증가하면 e의 편차도 증가한다.

이 장에서 우리는 변수들 간의 통계적 상관성을 찾는 회귀분석의 기본 개념과 기법들을 알아보았다. 이것으로 기본적인 통계방법에 대한 토의는 끝났다. 마지막 장에서는 남은 몇 가지 문제들을 간략하게 살펴보자.

12
결론

이 책에서 다룬 기본원리와 도구, 계산들은 보다 복잡한 문제들을 푸는 데 확장될 수 있죠. 고급 통계방법들의 편향표본을 보여드립니다!

데이터 디스플레이

우리는 하나의 변수는 점도표로, 2개의 변수는 산점도로 나타내는 법을 보았다. 하지만 2개 이상의 변수는 어떻게 평면에 그림으로 나타낼 수 있을까? 여러 가지 방법이 있겠지만, 여기에서는 헤르만 체르노프의 간단한 아이디어를 소개하겠다. 아래와 같은 사람의 얼굴을 이용해 각 생김새를 하나의 변수에 대응해보는 것이다. 이 그림을 체르노프 얼굴이라고 한다.

$x =$ 눈썹 경사
$y =$ 눈 크기
$z =$ 코 길이
$t =$ 입 길이
$\beta =$ 얼굴 길이
$\vdots$
기타 등등

다변량 데이터의 통계적 분석

각종 다변량 모델들은 n-차원 데이터의 분석과 디스플레이에 도움이 된다. 몇 가지 기법을 살펴보자.

집락분석

모집단을 동질의 하부집단으로 나누는 방법이다. 예를 들면, 의회의 투표형태를 분석해 남부와 서부 출신의 하원의원들이 서로 다른 성향임을 찾아낸다.

판별분석

집락분석과는 반대이다. 예를 들면, 대학당국은 지원자들을 대상으로 성공적인 졸업생(졸업생기금에 기부를 많이 하는 사람)이 될지, 성공적이지 못한 졸업생(졸업 후 소식을 들을 수 없는 사람)이 될지 미리 판별할 자료를 찾을 수도 있다.

요인분석

관련 변수들의 묶음으로 다차원의 데이터를 설명하는 방법이다. 심리학자가 환자들을 검사하기 위해 100여 개의 질문을 할 때, 이미 그 답을 외향성, 권위주의, 이타주의 등 몇 개의 요인들에 달려 있다고 마음속으로 가정한다. 그래서 검사결과는 이 범위 내에서 단지 몇 개의 복합점수로 요약된다.

확률

덧붙여 말하면 다음과 같다.

임의보행

동전 던지기로 시작한다. 앞면이 나오면 한 걸음 앞으로 나가고,
뒷면이 나오면 한 걸음 뒤로 간다고 하자.(동전 2개를 이용하면
2차원 평면에서 할 수 있다.) 동전 던지기를 계속 반복하면
임의보행(랜덤워크)이라는 확률적 방법이 나타난다.
이것은 스톡 옵션 거래와 포트폴리오 관리에 사용된다.

시계열분석

임의보행처럼 시간의 경과에 따라 축적되는 자료군들을 처리한다. 예를 들어 지역 또는
지구 전체 기온, 석유가격 등이 있다. 시계열분석에서는 확률모델을 이용해서 미래의 값을 예측한다.

컴퓨터가 분석과 계산에 얼마나 도움이 되는지 이미 봤지만, 컴퓨터 때문에 생겨난 통계개념도 있다.

영상분석

컴퓨터 영상은 1000×1000 화소로 되어 있고, 어느 화소든 16.7백만 컬러의 한도 내에서 각 데이터 점이 표시된다. 이처럼 통계적 영상분석은 '정보'에서 그 의미를 추출해낸다.

재표집

때로는 표준오차와 신뢰한계를 찾을 수 없을 때가 있다. 재표집은 표본을 모집단처럼 취급하는 기법이다. 이 기법들은 무작위화, 잭나이프, 부트스트랩과 같은 이름으로 통한다.

재표집(계속)

재표집을 하기 위해서 컴퓨터는

* 표본을 재추출하고

* 재표집한 표본에 대해 추정치를 계산하고

* 앞의 두 단계를 여러 번 반복하여 재표집된 추정치들의 편차를 찾는다.

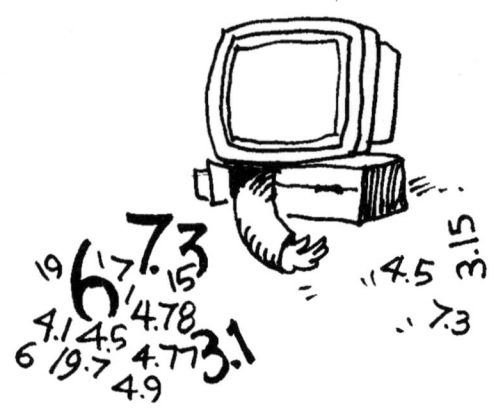

11장에서 나온 92개의 키-몸무게 데이터의 상관계수 r을 기억할 것이다. r의 표준오차는 뭘까? 컴퓨터는 92개의 데이터 점에서 200개의 부트스트랩 표본을 취해서 매번 r을 계산하고, r값의 히스토그램을 그린다.

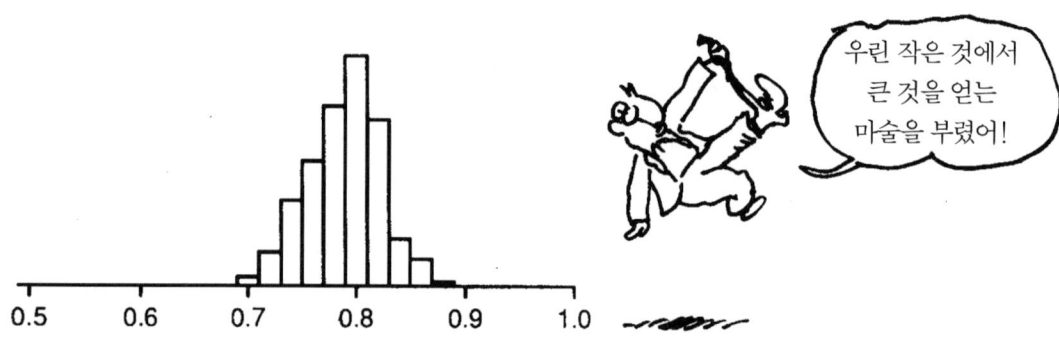

부트스트랩 추정치들의 편차가 상대적으로 작다는 사실을 눈여겨보라.

데이터의 질

표본추출, 측정, 데이터 기록에서 발생하는
작은 오류는 분석을 망칠 수도 있다.
유전학자이자 현대 통계학의 초석을 마련한 피셔는
동물사육실험을 설계하고 분석하는 동시에
동물 우리를 깨끗이 하고 동물들을 잘 돌보았다.
동물의 죽음이 실험결과에 영향을 미친다는 걸
알았기 때문이다.

컴퓨터와 데이터베이스, 정부 보조의 혜택을 받는 현대의 통계학자들은
이처럼 몸소 실천하는 적극성을 잃고 있다.

통계학자들의 손톱 밑에 낀 때의
평균 무게를 그래프로 나타내면,
아마 옆 그림과 같을 것이다.

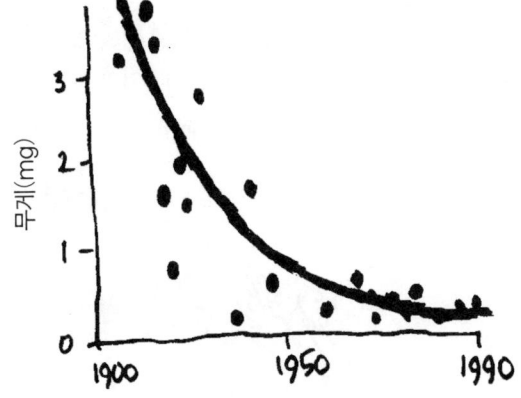

혁신

최상의 해법이 항상 책 속에 있는 건 아니다! 예를 들면, 쓰레기더미의 구성물질들을 평가하라고 고용된 어느 회사는 책에서는 찾아볼 수 없는 흥미로운 문제들에 봉착한 적이 있다.

전달

뛰어난 분석이라도 통계적 불확실성을 비롯하여 그 결과를 평범한 용어로 전달하지 못하면 가치가 없다. 일례로, 요즘 대중매체는 여론조사 결과를 공표할 때 공식적인 오차 한계를 알린다.

팀워크

오늘날 복잡한 사회에서는 해답을 찾기 위해 팀의 협력이 요구될 때가 많다. 제품의 질을 더 높이기 위해 엔지니어와 통계학자, 조립라인의 직공들이 함께 협력한다. 생물통계학자들과 의사, AIDS 활동가들도 치료법 평가를 앞당길 수 있는 임상실험을 설계하기 위해 함께 노력하고 있다.

자, 다 끝났습니다! 이제 여러분은 통계를 이용해서 뭔가를 할 수 있을 겁니다. 물론, 거짓말, 속임수, 도둑질, 도박 같은 걸 해서는 안 되겠죠.

더 읽어볼 만한 책

학생들을 위한 참고도서

『통계학: 개념과 논쟁들Statistics: Concepts and Controversies』, 데이비드 S. 무어, 1991, 뉴욕, W. H. Freeman. 통계의 기법보다는 개념을 강조한 책.

『통계학Statistics』, 데이비드 프리드먼, 로버트 피사니, 로저 퍼브스, 1991, 뉴욕, W. W. Norton.

『통계연습 입문Introduction to the Practice of Statistics』, 데이비드 S. 무어, 조지 P. 맥카브, 1989, 뉴욕, W. H. Freeman.

『통계적 추론Statistical Reasoning』, 게리 스미스, 1990, 보스턴, Allyn and Bacon, Inc. 경제와 사업 분야에 치중한 다소 전문적인 서적이지만, 다양한 사례들을 수록.

위의 책들은 많이 알려져 있을 뿐 아니라 그 내용이 정확하고 학문적이며 설명이 잘 되어 있다. 이외에도 시중에는 수백 권의 통계 서적이 널려 있으며, 대부분 읽을 만하다.

통계가 어렵게 느껴지는 학생에게는 다음 책을 권한다.

『재미있는 통계학Statistics with a Sense of Humor』, 프레드 피크작, 1989, 로스앤젤레스, Fred Pyrczak Publisher. 통계 문제 풀이를 위한 기본적인 길잡이.

건전한 필자로서는 속임수와 도박에 대해서 별로 아는 바가 없다. 아래에 있는 전문가들의 조언을 참고하기 바란다.

『통계와 속임수How to Lie with Statistics』, 다렐 후프 지음, 어빙 게이스 그림, 뉴욕, 1954, W. W. Norton. 값이 싸고 지금도 출판 중!

『통계의 오용: 뒤틀린 숫자들의 진실Misused Statistics: Straight Talk for Twisted Numbers』, A. J 자프, 허버트 F. 스파이어러, 1987, 뉴욕, Marcel Decker. 인기 있는 통계책 시리즈 중 하나.

『당신은 이길 수 있는가?Can You Win?』, 마이크 오킨, 1991, 뉴욕, W. H. Freeman. 확률과 도박에 대한 전문가의 조언.

『일상생활 속의 확률Probabilities in Everyday Lief』, 존 D. 맥거베이, 1989, 뉴욕, Ivy Books. 블랙잭에서부터 흡연에 이르기까지 도박에 관한 내용을 다룸.

법과 사회에 관한 참고도서

『법과 정책의 통계적 추론Statistical Reasoning in Law and Policy』, 1, 2권, 조지프 L. 개스트워스, 1988, 샌디에이고, Academic Press. 제8장에서 다룬 배심원 선정 문제를 포함하여 법률과 관련된 핵심 문제들을 다룬 책.

의사대상 보건연구팀 조정위원회, 「진행 중인 의사대상 보건연구의 아스피린 요소에 대한 최종보고Final Report on The Aspirin Component of The Ongoing Physcians' Healthy Study」, 뉴잉글랜드 의학저널, Vol. 321, pp. 129-135.

9장에 나오는 판사석에서 판결과 무관하게 언급한 포커에 대한 말은 실제로 소송에서 있었던 일이다. 사석에서 펜실베이니아대학 존 드 카니 박사에게 들었다.

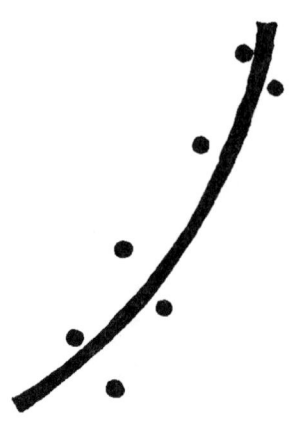

데이터 그래픽에 관한 참고도서

『정량적인 정보의 시각적 도시The Visual Display of Quantitative』, 에드워드 R. 투프테, 1983, 체셔, 코네티컷, Graphics Press.

『정보의 시각화Envisioning Information』, 에드워드 R. 투프테, 1990, 체셔, 코네티컷, Graphics Press. 그래픽의 역사와 기법에 관한 책. 두 권 다 명저임.

『데이터 그래픽의 첫걸음The Elements of Graphing Data』, 윌리엄 S. 클리블랜드, 1985, 퍼시픽 글로브, 캘리포니아, Wadsworth Advanced Books And Software. 컴퓨터 그래픽의 원리 설명.

역사에 관한 참고도서

『게임, 신과 도박Games, Gods and Gambling』, F. N. 데이비드, 1962, 뉴욕, 하프너, 뉴욕.

『통계의 역사: 1900년 이전의 불확실성의 측정The History of Statistics: The Measurement of Uncertainty』, 스테판 M. 스티글러, 1985, 케임브리지, 매사추세츠, Belknap Press of Harvard University Press.

『R. A. 피셔, 어느 과학자의 생애R. A. Fisher, The Life of a Scientist』, 존 피셔 박스, 1978, 뉴욕, Wiley. 20세기 통계학에 가장 큰 영향을 끼쳤고 많은 논란을 일으켰던 인물에 대해 그의 딸이 쓴 전기.

「피셔의 비중: 피셔의 생애와 평가The Significance of Fisher: A Review of R. A. Fisher: The Lief of a Scientist」, 윌리엄 크루스칼, 1980, 미국통계학회지, Vol. 75, 1030. 피셔의 생애를 조망하고 훌륭한 참고문헌들이 실려 있음.

통계 소프트웨어

이 책에서는 MINITAB 통계 소프트웨어 시스템(MINITAB사, 펜실베이니아주립대)을 사용했다. 펜실베이니아 주 학생들의 키와 몸무게 자료는 이 시스템에 있는 데이터를 사용했고, 컴퓨터 그래픽은 486 PC에서 *S-PLUS*(Statistical Science Inc., 시애틀, 워싱턴)를 이용해서 만들었다. 이는 통계 분석과 그래픽을 향상시키고자 AT&T 벨 연구소가 개발한 정교한 소프트웨어이다.

바버라 라이언, 브라이언 조이너, 그리고 토머스 라이언, 『MINITAB 핸드북 *MINITAB Handbook*』(Pws-Kent, 보스턴, 1985)과 『학생용 MINITAB *The Student Edition of MINITAB*』(Addison Wesley). 통계 계산에 대한 저렴한 개론서. MINITAB은 대형 컴퓨터, PC, 매킨토시 컴퓨터에서 사용 가능.

개인용 컴퓨터에서 사용할 수 있는 고급 소프트웨어 패키지는 아주 많다. 일부를 소개하면 다음과 같다.

DATADESK(Data Description, 이타카, 뉴욕), 매킨토시용.

SAS(Sas Institute Inc, 캐리, 노스캐롤라이나), *SPSS*(Spss Inc, 시카고, 일리노이), *BMDP*(Bmdp Statistical Software Inc, 로스앤젤레스, 캘리포니아). 원래 대형 컴퓨터용으로 만들어졌으나, 현재 PC용(윈도우)으로 개량되었음.

STAGRAPHICS(Statistical Graphics corp, 프린스턴, 뉴욕), PC용.

STATVIEW(Abacus Concepts, 오클랜드, 캘리포니아), 매킨토시용.

SYSTAT(Systat Inc., 에반스턴, 일리노이), 모든 환경에서 가동 가능한 시스템.

이 패키지들은 중요 세부 사항들이 서로 다르기 때문에 구매를 잘 해야 한다. 친구들이 이미 써 보고 검증이 된 시스템을 사라고 권하고 싶다. 통계 소프트웨어의 개척자가 될 준비를 갖춘 사람은 그리 많지 않을 것이다. 새로운 시스템을 배울 때는 눈에 익은 적은 양의 데이터로 시험을 해보라. 잊지 마시라, 어떤 소프트웨어든 가장 비싼 것은 바로 여러분의 시간이라는 걸. 통계 계산을 배우는 데 우리가 추천하는 법칙은 바로 이것이다. '익숙할수록 결과가 좋다.'

통계 이론과 통계 계산을 동시에 배우려는 것은 걸으면서 껌을 씹는 것과 비슷하다. 이 두 가지는 사고 과정과 동작이 서로 다른 것이 사실이다. 하지만 이걸 각각 배우려고 시간을 따로 정해두었다면, 합쳐보라. 이렇게 해야 껌을 씹고 걸으면서 계산을 하는 만능 통계학자가 될 수 있다!

옮긴이의 말

일상생활에서 우리는 늘 통계를 접하며 산다. 아이의 성적표에는 과목별 평균점수가 함께 적혀 있어서 아이의 수준을 가늠할 수 있고, 텔레비전의 일기예보에서는 내일 비올 확률이 몇 퍼센트라는 기상 캐스터의 날씨 예보를 들을 수 있다. 또 선거 때가 되면 여러 매체나 기관에서 각종 여론조사를 수시로 발표한다.

이처럼 통계는 우리 생활과 밀접한 여러 가지 일들을 판단할 때 빈번하게 이용된다. 막대한 양의 정보를 효과적으로 처리해서 신뢰할 수 있는 합리적 판단 기준을 만들어내는 기법이 바로 통계이기 때문이다. 그러나 통계에 익숙한 듯하면서도 정작 분산이니 신뢰도니 하는 말들을 접하면 그 의미를 정확하게 알지 못하는 경우가 많다. 게다가 조금 더 깊이 들어가면 아주 복잡하고 어렵게 느껴진다.

이 책은 데이터의 수집과 요약 그리고 결론을 이끌어내는 통계의 모든 과정을 다양한 예를 들어 재미있고 알기 쉽게 설명하고 있다. 그 덕분에 즐거운 번역 작업이 되었다. 덧붙여 번역 내내 저자의 의도대로 어려운 통계 개념이 독자들에게 쉽게 전달되도록 많은 신경을 썼다.

이 책이 평소 통계에 어려움을 느꼈던 모든 사람들에게 많은 도움이 되기를 바란다.

2007년 3월

전영택